我的手作轻食便当 1

[日] 森望（nozomi）著

苏月莹　译

江苏凤凰科学技术出版社

南京

前　言

非常感谢各位阅读这本食谱！

你是不是觉得做"常备菜"很困难？

有些人翻开食谱一看，或许觉得这只不过是装进容器的料理。"这种菜我不会做""只有作者会做吧"，如果你有这些想法，我建议你继续看下去。

我本来也不是一个非常热衷于料理的人，谈不上喜欢或讨厌，只是作为生活的一部分。在上大学独自生活前，我理所当然地过着每天吃妈妈亲手做各种饭菜的生活，几乎不曾下厨。当时只觉得妈妈不用看任何食谱就会做菜，真是不可思议，而且深感佩服。

进入社会后，我连炖南瓜都没做过的生活，才开始发生一点一滴的变化。即使没空也想吃自己做的食物，希望能做几道菜，让自己吃得营养均衡。这时候，我遇见了"常备菜"这种料理方法，最初只是制作一两道配菜而已。

有了常备菜，就算工作到很晚，也可以轻易解决晚餐。每天不用烦恼要做什么菜，感觉悠闲多了。

本书介绍的是夫妻两人生活一星期所需的常备菜，但我要传达给各位一个重要概念：不必非得照着食谱中的建议去做。

你能挤出多少烹调时间、平日有没有时间做料理、需要的料理分量等，等到你习惯这本食谱的做法后，就可以根据每个家庭的不同状况进行调整。大原则是：先抽出一星期，做好能轻松度过的料理分量，再配合烹调所需的时间来制作。

有能力做出许多菜色并不代表比较厉害，我的亲身体会是，每星期能在不勉强自己、在自己的能力范围内，持续做菜更重要。

首先，从一两道菜开始，试着过"常备菜"生活吧！

森望（nozomi）

目录

本书使用方式

保存时间
料理冷冻或冷藏保存时，最多可以保存的时间，请尽量在建议时间内使用完毕。

烹饪时间
做这道菜需要的时间，由于处理食材是交叉进行的，这里的标识方便料理者理解若干道烹调步骤需要的时间。

这道菜泡含盐与柠檬的清爽滋味。即使多吃一点，也不必担心热量过高，把粉丝分成小份，长度不要太长，做起来会很方便。

| 烹饪时间 | 15 分钟 | | 保存 | 冷藏5天 | | 平底锅烹调 🔍 | | 带便当 📦 |

卷心菜拌粉丝

材料（分量约一个大号容器）	做法
干粉丝约 40 g 卷心菜 1/8 ～ 1/4 颗 蒜 1 小瓣 芝麻油 1 大匙 汤料（膏型）、柠檬汁各 2 小匙 盐、粗磨黑胡椒适量	1 用热水泡发粉丝，蒜切成碎末，卷心菜切成容易吃的大块。在平底锅加热芝麻油，放入蒜炒到有香味后，加卷心菜继续炒。 2 稍微沥干水分，再放入粉丝拌匀，接着按照顺序加 100 mL 水、汤料、柠檬汁，边煮干水分，边炒到熬煮的汤汁略微减少为止。 3 最后用盐、粗磨胡椒调味即可。

小贴士
粉丝结块时的解决方式
汤汁太少的时候，保存时粉丝容易结块，因此完成时请预留一些汤汁。结块时，请分装后用微波炉加热，就能轻松让粉丝散开。

烹调方式
图示呈现料理者方便预先备好的烹调工具。

食材分量
两个成年人一周可以食用完毕的分量。

小贴士
这道菜的特色与食用时的口感介绍。

料理方法
做的过程中格外需要注意或使食物更美味的小技巧。

050

- 材料与做法中的"1 小匙"是 5 mL，"1 大匙"是 15 mL，"1 杯"是 200 mL。
- 蔬菜类若没特别标明，代表是去皮、清洗之后的步骤。
- 本书使用的微波炉是 500 W。
- 使用微波炉或烤箱之类的厨具时，请依照使用说明书操作。加热时间的标准，以及有关保鲜膜的使用方法等，请优先按照使用说明书使用。
- 容器请依照使用说明书洗净、消毒后再使用。

第一章

用"常备菜"
过出生活感

只靠事先做好的料理，就能过一星期，

或许是很多人难以想象的事。

在我家，平日只有我与先生两人生活，

我们都各自有全职工作，回家的时间也各不相同，

在这里，我想请大家参考，在这样的生活模式中，

我们在一周的时间里是怎样利用常备菜，假日又是如何烹调，

过出属于我们自己的生活的。

常备菜组合，轻松满足平日的肠胃

我们一周大约四天在家吃晚餐。中午我和先生都会带便当。这时候，只要准备三四道主菜，六至十道配菜的常备菜，一周内回家不用下厨也可以饱餐一顿。组合常备菜后，还可以再添加新鲜蔬菜、豆腐、纳豆等食材做成的简单小菜。

星期一　便当建议带保存期限较短的料理，这一天带了菠菜。

- 酸辣番茄酱炖鸡胸肉
- 卤萝卜干
- 白味噌芝麻拌菠菜

- 凉拌鸡丝小黄瓜
- 香葱金枪鱼土豆
- 甜辣羊栖菜

星期二　鲑鱼西京烧等要吃时再煎即可，只有一道菜是刚做好的料理，也能令人吮指再三。

- 卤汉堡排
- 玉米粒炒洋葱
- 醋腌胡萝卜丝

- 鲑鱼西京烧　●卤萝卜干
- 凉拌麻辣小黄瓜
- 炖南瓜

星期三　把昨天晚饭的煎鲑鱼也装进便当盒，还做了玉子烧当配菜。

 ●鲑鱼西京烧　●甜辣羊栖菜
●海带拌毛豆
●玉子烧

 ●印度青蔬咖喱肉酱
●醋腌胡萝卜丝拌沙拉

星期四　使用味噌汤料多做一道汤品。食材则是冷冻油豆腐、四季豆以及干海带芽。

●凉拌鸡丝小黄瓜
●白味噌芝麻拌菠菜
●炖南瓜
●玉子烧

●卤汉堡排
●玉米粒炒洋葱
●青椒炒鱼卷
●卤萝卜干

星期五　星期五多半会消化这周最后的剩菜，通常可以吃到多种料理。

 ●酸辣番茄酱炖鸡胸肉
●青椒炒鱼卷
●香葱金枪鱼土豆
●炖南瓜

 ●凉拌鸡丝小黄瓜（撒上海苔）
●卤萝卜干
●海带拌毛豆
●甜辣羊栖菜　●蔬菜沙拉

在周末有效率地煮完一整周的料理

平日几乎没有时间下厨也无妨，只要在周末花两三个小时煮好备用即可。虽然看似花时间，但只要想到平日可以不用下厨，就不会觉得周末的准备是麻烦事。虽然每次做的顺序可能不同，但执行的方法最好参考以下建议。

烹调顺序

1 调味：烹调主菜前的准备。切、去骨、预先调味后放冰箱。

2 烫煮：烹调配菜前的准备与烹调（切、泡发、汆烫）。需炖煮的菜先煮。

3 煮饭：趁空当开始淘米，并且把米放进电饭锅中烹煮。

4 主菜：烹调主菜，并且完成多数料理的最后收尾工作。

5 收拾：随手整理料理台，保持环境干爽，可防止滋生细菌。

配菜→主菜

将烹调分成两部分比较容易整理。烹调主菜除了使用烤箱等工具，通常不能离开视线，因此难以同时进行。配菜则多半因为有切菜等烹调前的准备工作，以及熬煮、煮沸等过程，较容易同时作业。

安排顺序的规则

一、同时烹调配菜

烹调配菜前，先把使用的食材摆出来确认要做什么，决定大概的顺序，建议如下：

汆烫蔬菜的料理→熬煮的料理→热炒的料理。这样的顺序最有效率，且从不会弄脏锅的菜开始烹调，也能节省清洗的时间。你可以一边准备下一道要做的料理，一边继续烹调。

二、统一准备主菜

把肉切成需要的大小、去除鱼骨、用腌酱腌渍等，统一进行食材烹调前的作业。因为都是类似的操作，所以可以有效完成。一次处理好生鲜食材，也能减少清洗厨具的次数，进而缩短烹调时间。

三、依序烹调主菜

许多常备菜的主菜烹调方法是"裹粉后油炸"，其他就只剩下先调味或成品沾裹酱料的差别。大部分料理的制作过程都很类似，因此同时做完比较有效率。"烹调时会弄脏厨具的料理放在后面做"这条规则与制作配菜时相同。譬如用平底锅烹调时，依照炸肉→炸鱼→在平底锅沾裹酱料的顺序进行。如此一来，只要在油炸后把多余的脏污擦掉，就不用洗平底锅了。

容器与厨具

在这里要介绍一下常备菜生活不可或缺的容器，以及我个人爱用的厨具。其实，多半没使用什么太特别的物品，全是非常简单的工具。

容器

我会分别使用塑料、珐琅、玻璃材质的容器。很多人不清楚这些容器的使用场合，我试用后发现，其实并没有在所有情况都完全适用的容器。每种材质都各有利弊，因此建议分开使用。

大中小尺寸一应俱全，汤汤水水较多的料理，也可以使用瓶子来装盛，详情请参阅第 126 页。用完的容器请仔细清洗干净并擦干水，确保清洁后收起来。使用前，建议除菌消毒。

烹调器具

基本上，我会使用大锅（直径 21 cm）、单柄锅（直径 18 cm）、平底锅（直径 24 cm）烹调。使用平底锅或炖煮料理时，也可能再加上微波炉、烤箱来烹调，以缩短作业时间。

另外，为提升烹调效率还可以使用刨丝器、削皮刀、塑料袋等便利工具。刨丝器可以把卷心菜切成细丝，礤床儿可以把胡萝卜擦成细条，这些都是将食材迅速切漂亮的不可或缺的工具。塑料袋则可以把食材腌在酱料里，或是油炸、烧烤时用来裹粉……在各种情况都能派上用场。因为减少了需清洗的东西，也可缩短作业时间。

常用调味料

这里介绍的涵盖了用量少却仍需要格外讲究的关键味道，以及不用特别在意什么制造商便可随心所欲使用的调味料。基本都可以在超市买得到，有些较为特别的种类，也可以在进口食品店买齐。

基本调味料

酒
使用料理酒。

味醂
味醂是在烧酒和糯米里掺入曲子做成的又甜又浓的酒。比味醂风味的调味料好。

砂糖
我喜欢蔗糖或三温糖。三温糖为黄砂糖的一种，比中等白糖精制度低，颜色为褐色。

酱油
建议用低盐酱油，请购买能趁新鲜用完的分量。

醋
气味不会刺鼻的调味醋很好用，经典的谷物醋也是常备品。

软管式佐料
常备品是蒜、姜、芥末。

味噌
普通的味噌，有时也会使用红味噌。

盐、胡椒
最后调味时使用，建议购买研磨形式。

高汤或汤料

白高汤
使用浓缩型高汤。可以轻松让料理变美味，令人着迷。

汤料（膏型）
味道令人上瘾，买过一次就欲罢不能。

法式清汤汤料（颗粒）
颗粒形式比软管形式更能调味道。

食用油

橄榄油
较便宜的用来油炸、烧烤、炒菜；较贵的用来当酱料等。

葡萄籽油
什么都能用的万能油。

芝麻油
这也是不可或缺的油！只要加了就能让料理的风味截然不同。

黄油
价格偏高，所以无法频繁使用。

其他建议备用的调味料

豆瓣酱、甜面酱、麻辣酱、蚝油、柠檬汁（浓缩型）、番茄酱、蛋黄酱、中浓酱
※ 颗粒芥末酱、花生酱、意大利香醋等。
※ 日式伍斯特郡酱之一，有三种浓度，最稠的是猪排酱，其次是中浓酱，最稀的是伍斯特郡酱。

第二章

经典基本款
一周 14 道

这里把常备菜中的经典菜色，
组合成一星期的菜单和食谱。
多半是较能轻松烹调的菜色，
极力推荐给刚开始尝试常备菜生活的人，
或是料理初学者。
把周末两天分成事先准备日与烹调日，
减轻一步到位的负担也是常备菜生活的关键所在。

🍴 本周菜单

主菜

1. 凉拌鸡丝小黄瓜
2. 酸辣番茄酱炖鸡胸肉
3. 卤汉堡排
4. 鲑鱼西京烧

副菜

5. 卤萝卜干
6. 玉米粒炒洋葱
7. 醋腌胡萝卜丝
8. 青椒炒鱼卷
9. 香葱金枪鱼土豆
10. 凉拌麻辣小黄瓜
11. 甜辣羊栖菜
12. 白味噌芝麻拌菠菜
13. 炖南瓜
14. 海带拌毛豆

买菜计划

肉、鱼类

鸟胸肉·····························2 块
牛肉和猪肉混合肉馅···········250 g
鲑鱼·····························4 片

蔬菜

菠菜·····························1 袋
小黄瓜···························5 根
青椒····················· 5 个（大）
洋葱（新洋葱）···············1/2 个
南瓜····························1/4 个
胡萝卜···························2 根
莲藕····························2 小节
土豆···················10 个（小）

其他（备用食材）

鸡蛋·····························1 个
冷冻玉米···················约 200 g
冷冻毛豆···················约 300 g
冷冻小葱························ 适量
冷冻油豆腐······················ 适量
鱼卷·····························5 个
萝卜干···················1 袋（40 g）
金枪鱼罐头（油浸）···············1 罐
干羊栖菜··················约 10 g

试着利用色香味俱全的经典料理来组成各餐特色。这份菜单使用了较多的干货与冷冻食材，且因为牛肉和猪肉混合肉馅多半只有大容量包装（500 g 以上），所以把剩下的一半在星期六做成蔬菜满满的印度青蔬咖喱肉酱（第 101 页）。

注意蔬菜是否可以久放！
菠菜、油菜、小黄瓜最好尽快用完。小黄瓜若有剩余，可以在一周之内做成沙拉当配菜，也可以蘸盐、味噌或蛋黄酱，甚至可以整根直接生吃。相反，青椒在冰箱可以保存一周，在下一周还可以继续使用。

⏱ 时间计划表

	前一天（10分钟）	0分钟	30分钟
不用火 ✖	• 凉拌鸡丝小黄瓜（预先调味） • 酸辣番茄酱炖鸡胸肉（预先调味） • 鲑鱼西京烧（腌渍）	• 切菜 （利用烹调的空当或烫东西的等待时间）	
单柄锅		• 白味噌芝麻拌菠菜　• 炖南瓜	• 卤萝卜干
烤箱微波炉			• 卤汉堡排微波炉加萝卜）
平底锅			• 青椒炒鱼卷

👐 要点

食谱中有说明鸡肉需要在开水中煮一个小时，但因为卤汉堡排要用到酱汁，也需要单柄锅，因此请将鸡肉连同开水一起倒入较深的碗中。

- 醋腌胡萝卜丝（搅拌）
- 海带拌毛豆
- 凉拌麻辣小黄瓜
- 凉拌鸡丝小黄瓜（搅拌）

- 香葱金枪鱼土豆
- **清洗**
- 凉拌鸡丝小黄瓜（焯）
- 卤汉堡排（炖煮）

- **清洗** 玉米粒炒洋葱
- **清洗** 卤汉堡排（煎）
- **清洗** 酸辣番茄酱炖鸡胸肉

〽️ **要点**

厨具脏时，若没有特别标示"清洗"，可仅擦拭平底锅，去除油垢，再用水冲一下锅即可。每次烫煮完食材后，都要把热水倒掉。

实况转播！

第二章经典基本款的 14 道常备菜，一步一步的烹调过程，一次全公开！当然不完全照做也没问题，大家可以根据自己的习惯与自家厨房、厨具自行调整。

前一天

1. 烹调的前一天，先把小黄瓜撒上盐，在砧板上滚动摩擦。

2. 用叉子在鸡肉上戳洞。

当天

3. 在容器中调味噌酱料，用来腌渍鲑鱼。

4. 鸡肉只切一块，其他两块分别装进塑料袋；用纸巾把小黄瓜包起来放进塑料袋；腌渍好的鲑鱼也盖好，全都放进冰箱。

1. 烹调配菜。在水槽上的沥水架上先用水泡发干货。

2. 利用杠杆原理，左手按压菜刀背，方便切南瓜。

3. 先汆烫需要时间冷却的青菜。茎先放进水里，是不变的规则！

4. 利用等待青菜汆烫完成的几十秒时间，削胡萝卜的皮。

5. 把竹筛放在沥水架上，用来沥干青菜的热水。凉了以后挤干水分。

6. 接着做炖煮的料理。把南瓜的皮朝下放入单柄锅，开始炖煮。

7. 把削皮后的一根胡萝卜，用专用刀具切成细丝。

3. 胡萝卜丝撒上盐备用。

9. 剩下的胡萝卜先切丁。

10. 再切成碎末。

11. 胡萝卜一口气切完，分开放。

12. 趁着切胡萝卜的时候，炖南瓜。

13. 快速洗一下单柄锅，接着煮已经泡发好的萝卜干。

14. 切好鱼卷、莲藕，并依据用途分装到不同的调理碗。

15. 整理所有切好的食材。先切开青椒去籽。

16. 洋葱切成碎末。

17. 把青椒与鱼卷放进漏勺中，用手均匀搅拌混合。

18. 使用空闲的燃气灶，炒青椒和鱼卷。

19. 此时，萝卜干煮好了。

20. 单柄锅接着煮羊栖菜。

21. 香炒青椒完成后，用平底锅制作玉米粒炒洋葱。此时，也差不多该把肉从冰箱拿出了。

22. 趁空当烹调不用火的料理。先撒上盐做醋腌胡萝卜丝。

23. 把冷冻毛豆放进装满水的调理碗开始解冻。

24. 煮羊栖菜之后烫土豆，煮软后撒盐，炒干水分并压碎。

25. 加金枪鱼罐头搅拌。

26. 终于要开始做主菜了！鸡胸肉用淀粉裹粉后余烫。

27. 毛豆解冻后，从豆荚取出豆子放进调理碗。

28. 加海带搅拌。

29. 把前一天预先处理过的小黄瓜切滚刀块。把用来腌渍的塑料袋摊在调理碗上，调味料会更容易入味！

30. 首先把调味料充分混合。

31. 放入小黄瓜。把食材放在塑料袋内，味道混合得较充分，连同塑料袋放进接下来预计要用的容器中。

32. 顺势把另一根小黄瓜也切成细丝。

33. 把预先切成碎末的胡萝卜加入肉馅中，制作肉料。

34. 为了用单柄锅烹调，把低温烹调中的鸡肉连同烫肉的汤汁移到调理碗。

35. 开始煎汉堡肉饼，用单柄锅加热酱汁。煎好后，把肉饼一个个放进酱汁里。

36. 快速洗一下平底锅，把前一天切好的鸡肉裹粉后油煎。

37. 卤汉堡排完成后，又有一个燃气灶可以用了，接着拿出沥油用的方形盘。

38. 快速擦一下平底锅去油，再放入番茄酱勾芡的混合调味料，然后把鸡肉放回锅中。

39. 烫鸡肉完成了，把鸡肉从烫煮的汤汁中取出。

40. 撕成适当大小，再拌入芝麻酱料。

41. 先拌上芝麻酱料，也可以先保存，要吃拌青菜之前再沥上。

完成！

这是一款无论冷热都美味的常备菜。鸡肉需慢慢用低温煮熟，因此会花很多时间烹调，但只要放着煮就好，制作过程并不难。

烹饪时间 **70** 分钟　保存 冷藏 **5** 天　单柄锅烹调 　带便当

凉拌鸡丝小黄瓜

材料（分量约一个大号容器）

鸡胸肉 1 块
砂糖 1/2 大匙
盐 1/2 小匙
小黄瓜 2 根
淀粉适量

调料A

调味醋、酱油、砂糖、磨碎的白芝麻各 2 大匙，芝麻油 1 小匙。

※ 装进容器时，调味料会沉积在下面，取出食用时，要记得从下而上拌匀。

做法

1　鸡肉去皮后，片成薄片，再用叉子戳几个洞，按照先砂糖后盐的顺序搓揉入味。装进塑料袋等容器，放进冰箱，腌制至少 2 分钟，若时间充裕的话，建议放置一晚。

2　在锅中煮开足够的热水后关火。放入均匀沾裹淀粉的 1，再加盖放置约 60 分钟。

3　把小黄瓜排放在砧板上，撒上盐并滚动沾匀。用纸巾擦干水后，切成细条。将 2 的鸡肉手撕成适当大小，再放入容器中，加小黄瓜与混合均匀的 A，充分拌匀即可。

小贴士

让鸡胸肉软嫩的四个关键

让肉变软的盐、能锁住水分的砂糖、淀粉以及低温煮调。这四项关键因素缺一不可！即使时间短，也同样有效。

搭配酱料

很适合搭配甜辣味噌酱（第 118 页），也推荐沾上再享用。

番茄酱加上豆瓣酱的组合，让料理更容易入味。如果调味调得不那么辣，孩子也能一口接一口。

| 烹饪时间 **15分钟** | 保存 **冷藏5天** | 平底锅烹调 | 带便当 |

酸辣番茄酱炖鸡胸肉

材料（分量约一个大号容器）

鸡胸肉 1 块
砂糖 1 大匙
盐 1/2 小匙
淀粉适量
炒熟的白芝麻适量

调料A

番茄酱 2 大匙，味醂 1 大匙，酱油、豆瓣酱各 1 小匙，蒜（软管式）依喜好添加。

做法

1 用叉子在鸡胸肉上戳几个洞，按照先砂糖后盐的顺序搓揉入味。装进塑料袋放进冰箱，腌制至少 2 分钟，若时间充裕的话，建议放置一晚。

2 在平底锅热油，再放入均匀沾裹淀粉的 1，油炸煎熟，再用滤网等工具沥干油。

3 擦掉平底锅上多余的油，放入加少许清水的 A，重新开火。加 2，继续煮到收干水分后熄火起锅，撒上炒熟的芝麻即可。

小贴士

油炸食品常备菜，用淀粉比面粉好！

沾裹面粉油炸后，时间一久，食材容易变得湿软，因此建议使用淀粉。

混合均匀的调味料，可加水调整状态

将混合后的调味料当成酱料抹在鸡肉上时，加少量水，可让整体较容易蘸上酱汁。

看起来很费工，其实做法很简单。不使用罐头多明格拉斯酱，用常备调味料就能做得很美味。此外，也可以冷冻保存。

| 烹饪时间 **30分钟** | 保存 **冷藏7天** | 平底锅烹调 | 带便当 | 可冷冻 |

卤汉堡排

材料（分量约10个，约一个大号容器）

猪肉和牛肉混合肉馅 250 g
胡萝卜 1/4 根
鸡蛋 1 个
面包粉 1/2 杯
肉豆蔻少许

调料A
番茄酱、白葡萄酒各 100 mL，中浓酱 50 mL，砂糖 3 大匙。

做法

1 胡萝卜切成碎末，用微波炉加热约 2 分钟，再取出降温冷却。

2 在调理碗中放入肉馅、鸡蛋、面包粉、肉豆蔻以及 1，充分拌匀，再将其捏制成直径 3 ～ 4 cm 的圆形。之后在平底锅上涂上一层油，将汉堡排两面煎熟。

3 烹调酱汁。把 A 放入锅中，以小火加热 3 ～ 5 分钟。再放入 2 继续煮 10 ～ 15 分钟。

小贴士

可依喜好选择肉馅种类

肉馅可以使用混合肉馅，也可以用纯猪肉馅。请依个人喜好选用。

用来带便当时，尺寸请再缩小一些

把汉堡排当作便当，可适当做小点；当作晚餐时，可以做得大一些，更有饱足感。此时，也别忘记调整熬煮时间。

淹渍后再煎熟即可完成这道正统的日式料理。掌握腌渍、煎烤的窍门，就可以轻松多学会一道简单菜肴。

烹饪时间 **20分钟** | 保存 冷藏**5天** | 烤箱烹调 | 带便当 | 可冷冻

鲑鱼西京烧

材料（分量约一个大号容器）

鲑鱼 4 切片

调料A

白味噌 4 大匙，酒 2 大匙，味酥 1 大匙，砂糖、酱油各 1 小匙。

做法

如果要带便当，请先去骨再切成适当大小。把混合均匀的 A 与鲑鱼装进容器，可以的话，建议腌渍一晚。

在烤盘上铺上烘焙纸，把 1 的鱼皮向上摆放，烤箱预热 190 ℃，烤 10 ~ 15 分钟。

小贴士

腌渍状态下冷冻保存也可以！

把鲑鱼均匀抹上味噌后，可以装进自封袋或塑料材质容器。冷冻时，将其和味噌一起分成小份装进保存袋，也很方便。要烹调冷冻保存的食材时，刚开始先低温煎，煎久一点即可。

也可用烤鱼架或平底锅煎烤

使用烤鱼架时，味噌容易烧焦，因此要随时看烤的状况，用中火烤约 10 分钟；使用平底锅时，请不加油并铺上烘焙纸，鱼皮那面朝下摆入。盖上锅盖，中火煎约 5 分钟，再翻面，一边看色泽，一边煎烤。

配菜

单柄锅烹调 带便当

卤萝卜干

只需简单调味即可完成。请先参考本食谱烹调，之后再慢慢试着依照自己的喜好调整口味。

材料（分量约一个中号容器）

萝卜干 40 g
胡萝卜 1/2 根
油豆腐 1 块
酱油 3 ~ 4 大匙
酒、味醂各 2 大匙

做法

1 用水泡发萝卜干，再挤干水分，切成适当大小。泡发的汤汁保留备用，将胡萝卜切成细条，油豆腐切成细条并去油。

2 锅中依序放入胡萝卜、油豆腐、萝卜干，再倒入适量泡发萝卜干的汤汁直到淹过食材。加酒、味醂，盖上比锅内径小一圈的盖子，开火加热。

3 倒入酱油，试吃味道后若觉得味道不够，还可加少许盐提味。最后熬煮至汤汁收干即可。

平底锅烹调 带便当

玉米粒炒洋葱

因为用了很多玉米，就冷冻食材来说，这道菜的性价比很高。重新加热也很美味，这是一道可快速完成的料理。

材料（分量约一个中号容器）

玉米（冷冻或罐头）约 150 g
洋葱 1/2 个（大）
黄油约 10 g
酱油 2 小匙
颗粒法式清汤汤料 1 小匙

做法

1 把洋葱切成细末。起油锅，放入黄油与洋葱，炒至洋葱完全软透为止。

2 加入玉米与法式清汤汤料拌炒，充分炒匀后，以画圈的方式淋入酱油，再轻轻拌炒即可。可依喜好撒上些许撕碎的香芹叶。

小贴士

比起块状、颗粒状，法式清汤汤料更合适
颗粒状法式清汤汤料比块状好用，推荐大家使用。只有块状可用时，建议先用菜刀切一下，或用擦菜板擦碎，这样在炒少量菜时也能用。

用火烹调 带便当 🎁

平底锅烹调 🔍 带便当 🎁

醋腌胡萝卜丝

青椒炒鱼卷

这是减糖版本。番茄干或意大利香醋等材料可以轻松调制出意想不到的美味。

这是一道用一年四季都可轻松买到的青椒与鱼卷和经典日式配菜"香炒牛蒡"的调味材料来调味、烹调即可完成的简单料理。

材料（分量约一个中号容器）

胡萝卜 1 根
番茄干（备用食材）4 个
香芹叶（备用食材）适量
盐约 2 小撮

调料A

意大利香醋、苹果醋、橄榄油各 1 大匙。

做法

胡萝卜洗净后尽量切成细条。调理碗中放入胡萝卜与盐，仔细搓揉入味。

番茄干切成 1/4 大小，再把番茄干、A 均匀拌入 1 中。可依喜好撒上些许撕碎的香芹叶。

材料（分量约一个中号容器）

青椒 5 个（大）
鱼卷 2 个
味醂 2 大匙
酒 1.5 大匙
酱油 1 大匙
芝麻油适量
炒熟的白芝麻适量（也可凭喜好多放）

做法

1 把青椒切成细条，把鱼卷斜切成薄片。

2 平底锅加热芝麻油，放入 1。当油均匀沾裹所有食材后，加酒、味醂拌炒。待汤汁收干后，倒入酱油继续翻炒。起锅前，撒上芝麻拌匀即可。

小贴士

越久放，越美味

放冰箱冷藏约三天后就会入味。还可以把番茄干换成葡萄干、坚果类，同样也很美味。

小贴士

加调味料的顺序

调味料按照酒→味醂→酱油的顺序加入，就不容易失败。也可以在加酱油前，额外加约 1 小匙砂糖提味。

单柄锅烹调 带便当

香葱金枪鱼土豆

将土豆的外皮去除后，切块煮软，倒掉热水，撒盐后开火将煮软的土豆炒干水分。这个方法可以让味道充分渗透，在较小的新土豆上市的季节可以带皮直接制作。

材料（分量约一个小号容器）

土豆 3 ~ 4 个（中）或 10 个（小）
金枪鱼罐头（油浸）1 罐
小葱适量
芝麻油 2 大匙
酱油 4 小匙
砂糖 2 小匙

做法

1　土豆切成适当大小，放入锅中，并在锅中加水，水量淹过土豆，开火加热。煮到内部都熟透后关火，倒掉多余的热水。

2　再次开火加热，煮到土豆表面稍微呈粉状后，将金枪鱼连同罐头的油一起倒入，轻轻拌炒后关火。依序放入芝麻油、砂糖、酱油，混合均匀，并撒上切成细末的小葱。

不用火烹调 带便当

凉拌麻辣小黄瓜

这是一款只需切块、凉拌的简单料理。因为口味辛辣，所以建议当作晚饭的下酒菜。此外，放进塑料袋搓揉，可以让食材更容易入味。

材料（分量约一个中号容器）

小黄瓜 3 根
盐 1/2 小匙
炒熟的白芝麻 1/2 大匙

调料A
酱油、汤料（膏型）各 1 小匙，芝麻油 1 大匙，辣油按压瓶头 10 下。

做法

1　小黄瓜排放在砧板上，撒上盐并滚动沾匀。用纸巾擦干水后，切滚刀块。

2　将 A、炒熟的芝麻、1 放入塑料袋或调理碗中，放进冰箱冷藏一晚以上，让味道入味即可。

甜辣羊栖菜

口味偏重，是一道令人难忘的日式料理。此外加上鱼卷，会更美味。

材料（分量约一个中号容器）

羊栖菜 10 g
鱼卷 3 个
胡萝卜 1/4 根
莲藕 2 小节
芝麻油 1/2 大匙

调料A
酒、味醂、砂糖、酱油各 2 大匙。

做法

泡发羊栖菜，把鱼卷、胡萝卜、莲藕切成适当大小。

锅中加热芝麻油，放入鱼卷、胡萝卜、莲藕拌炒。当油均匀沾裹所有食材，且鱼卷表面有点变色后，加入沥干水分的羊栖菜继续拌炒。

把 A 全部加入锅中，盖上锅盖，煮到汤汁几乎收干即可。

白味噌芝麻拌菠菜

这是一道独具日本风味的配菜，白味噌的微甜味道十分美味。此外也可以把菠菜与酱汁分开保存，吃之前再拌上。

材料（分量约一个中号容器）

菠菜 1 把

调料A
白味噌、磨碎的白芝麻各 1 大匙，砂糖 1 小匙，酱油、白高汤各 1/2 小匙。

做法

1 把菠菜放入加了盐（分量外）的热开水中汆烫，再用漏勺捞起沥干水分，最后切成四等分，每一等分用手轻柔地握压，挤干水分。

2 在容器中均匀混合 A，再加 1 搅拌即可。

小贴士

一定要掌握的烫菠菜诀窍

虽然一般常说：“菠菜要用大量的热水汆烫”。但我通常使用普通尺寸的单柄锅，从根部烫几秒钟后，再连同叶子一起放进锅中，加盖烫煮即可。

炖南瓜

刚开始做饭时，调味料的分量全都一样，日后可依喜好，换成专属自己的味道。我个人喜欢酱油稍微少一点。

材料（分量约一个中号容器）

南瓜 1/4 个

调料A
酒、味醂、酱油、砂糖各 1 大匙。

做法

1 把南瓜切成比一口大小稍小一点的块状，方便装进便当盒。

2 瓜皮朝下铺满锅中，往锅里加水，水量恰好淹过南瓜，并再加入 A，盖上锅盖，煮 10 ~ 15 分钟即可。

小贴士

重点是锅的尺寸与南瓜的分量
南瓜在锅中不要重叠，铺满时，也不要留空隙是最佳状态。请记得熬煮的汤汁刚好淹过南瓜即可。

海带拌毛豆

这道菜使用大量便宜的冷冻毛豆。因为食谱很简单，只需要花一点点时间就能做好，也可以在还少一道菜时，快速端上桌。

材料（分量约一个小号容器）

冷冻毛豆约 300 g

调料A
盐海带 1 把，调味醋 1 大匙。

做法

1 用流水解冻毛豆，从豆荚中取出豆子。

2 把 A 放入容器中，并加入 1 后搅拌均匀。

小贴士

没有调味醋时可善用砂糖
若使用一般的谷物醋混合约 1 小匙的砂糖，就能做出调味醋那种稍甜的味道。

盐海带的量
一把盐海带大约是用拇指、食指、中指随便抓起的量。请依个人喜好调整用量。

1　单身生活该怎么做常备菜？

单身生活要制作常备菜，确实难度较高。因为每道常备菜都得控制在一定的量内，而且在烹调时最好同时做几道菜会比较有效率。可是如果做太多，一个人吃不完又会腐坏，反而造成保存上的困扰。

因此，烹调单人份常备菜时，我就采取一星期多做一点耐放的料理（两小时），一星期稍微做点菜补充（一小时）的做法。只要以两星期为单位做出一套常备菜，便能节省时间，减少料理腐坏的机会。

一星期多做一点耐放的料理

这星期预计约花两小时做六道菜。包括卤汉堡排等可以冷冻保存的两道主菜，萝卜干或炖南瓜等耐放的两三道配菜，还有味噌芝麻拌菠菜等保存期限较短的一两道配菜。

我在工作日的五天当中，会做一次主菜。这样一来，这五天就能轮流吃到三至四种主菜了。这一星期做的主菜比较多，可以在做好的当天分成小份，或冷藏或冷冻保存，或是把这一星期剩下的分量，直接冷冻保存。

一星期稍微做点菜补充

我已经先冷冻保存的主菜，以及几道可以留到下周的配菜。建议先掌握库存剩多少，并思考可以吃完的分量是多少再去做菜。两道耐放的主菜与一道配菜，再做一道保存期限较短的配菜，分量就恰到好处。这星期要从上星期剩下的料理开始吃。

还没结婚时，我过着独居生活。身为系统工程师的我几乎没有准时下班过，但多亏有周末的常备菜让我可以每天带便当，伙食费也不过 10 000多日元（日本物价，约合人民币 580 元）而已。

2 采购前务必确认食材、冰箱里的料理

在制作一星期的常备菜前，要先确认现在家中已有的食材。如此一来，才不会浪费时间、金钱以及食材。

最好先吃已有食材，之后只需补充购买必需的食材即可。

（1）确认冰箱剩下的库存蔬菜

我会尽量不让这星期采买的蔬菜留到下星期（洋葱或薯类等可以在常温下存放几星期的除外）。如果冰箱有剩下的蔬菜，就必须用来做这星期的料理，因此要最先确认。

（2）确认冰箱的剩菜

如果有可以冷冻保存的剩菜，就移到冷冻室，再存放一至两个星期（即使在保存期限内，也请看状况自己判断。此外有些料理在冷冻后，风味有可能会发生改变）。不能冷冻的，请在当周优先食用，此时建议少做新的料理。

（3）确认储存在冷冻室的库存蔬菜

我通常会把玉米、小葱冷冻储存。为了避免这些食材在冷冻室变成"化石"，请仔细确认剩下的食材。尤其是经常使用冷冻蔬菜的人，更要仔细检查。

（4）确认储存在冷冻室的库存料理

常备菜冷冻保存后，很容易不小心就被遗忘，最好能在做好后的第三周左右吃完。如果当周必须吃库存的菜，请记得少做新的料理。

（5）确认常温保存的干货库存

羊栖菜、萝卜干、高野豆腐（冻结干燥后的豆腐）都必须常温储存。萝卜干开封后容易变色，味道也容易走味，因此要仔细检查保存状态。若有需要，请用来做当周的料理。此外，也要一并确认调味料的剩余量，若没有库存，就加入购物清单中尽早补充。

第三章

高纤健康款
一周 13 道

家里长时间剩下的蔬菜，
以及所有多买的蔬菜，
我们要在这一周全都用光，
因为这周是健康料理的一星期。
本周的烹调日只有一天，
一天制作 13 道菜，
其中还使用了烤箱，
可以有效率地烹调各种美味。

🍴 本周菜单

主菜

1 羊栖菜毛豆鸡肉丸

2 洋葱醋腌油炸青花鱼

3 韩式辣炒猪肉

副菜

4 芥末凉拌卷心菜

5 卷心菜拌粉丝

6 焗烤西葫芦土豆

7 法式卷心菜

8 青江菜拌金针菇

9 西葫芦番茄沙拉

10 糖醋茄子甜椒

11 柠檬地瓜

12 金枪鱼蛋黄酱拌萝卜丝

13 烧茄子

买菜计划

肉、鱼类

鸡胸肉馅 ·················	350 g
猪肉块 ·················	350 g
青花鱼 ·················	1 条

蔬菜

西葫芦 ·················	2 个
卷心菜 ·················	1 颗（大）
韭菜 ·················	1 把
青江菜 ·················	2 棵
茄子 ·················	3 个
甜椒（红）·················	3/4 个
甜椒（黄）·················	3/4 个
胡萝卜 ·················	1 根（大）
金针菇 ·················	1 包
番茄 ·················	1 个
小番茄 ·················	5 个
地瓜 ·················	1/2 个
土豆 ·················	1 块（大）
洋葱 ·················	1/4 个
青紫苏 ·················	4 片

其他（备用食材）

冷冻玉米 ·················	适量
鱼肉山芋饼 ·················	1 片（大）
萝卜干 ·················	40 g
冷冻毛豆 ·················	20 个豆荚
干燥羊栖菜 ·················	约 10 g
冷冻青葱 ·················	适量
蒜 ·················	1 小瓣
金枪鱼罐头 ·················	1 罐
干粉丝 ·················	40 g

因为冰箱里还有上周留下的库存，所以这周的主菜就少做一点，利用多种蔬菜烹调成高纤健康的配菜。这次要使用卷心菜制作四道料理，试着挑战"把一颗卷心菜都用完"。因为不需要提前一天就开始准备，只要在星期天中午以前将这些常备菜做好即可。这次不会把甜椒用完，剩下的刚好可以在星期天午餐时用来做彩蔬猪肉橙醋意大利面。

> **如何保存剩下的蔬菜①**
> 地瓜如果没用完一个，请用保鲜膜包住切口，避免与空气接触，再放冰箱保存即可。
> 这样大约可以保存两星期，烹调时请切掉切口干掉的部分再使用。

🕐 时间计划表

	0 分钟	30 分钟	60 分钟

不用火
✖

- 泡发干货
  （羊栖菜毛豆鸡肉丸、金枪鱼蛋黄酱拌萝卜丝）

- 切菜

（利用烹调的空当或烫东西的等待时间）

- 洋葱醋腌油炸青花鱼（预先调味）
- 芥末凉拌卷心菜（搓盐）
- 芥末凉

单柄锅
🍲

- 烫毛豆（羊栖菜毛豆鸡肉丸）
- 法式卷心菜清汤
- 青江菜拌金针菇
- 柠檬地瓜

烤箱微波炉
📟

- 洋葱醋腌油炸青花鱼（用微波炉加热蔬菜）
- 烤西葫芦土豆

平底锅
🍳

- 烧茄子

👆 要点

虽然总是使用冷冻毛豆，但这次我想尝试使用处理比较费工夫的生毛豆。我是第一次自己烫，果然很麻烦呢！怕麻烦的人，建议还是用冷冻毛豆。

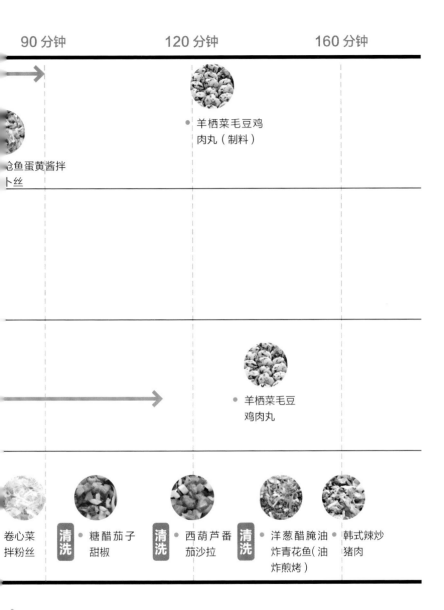

90 分钟	120 分钟	160 分钟

鲳鱼蛋黄酱拌
卜丝

• 羊栖菜毛豆鸡
肉丸（制料）

• 羊栖菜毛豆
鸡肉丸

卷心菜
拌粉丝

清洗 • 糖醋茄子
甜椒

清洗 • 西葫芦番
茄沙拉

清洗 • 洋葱醋腌油
炸青花鱼(油
炸煎烤)

• 韩式辣炒
猪肉

要点

厨具脏污时，若没有特别标示"清洗"，可仅擦拭平底锅，去除油垢，再用水冲一
下锅即可。烫完食材后，每次都要把热水倒掉。

这是一道加鱼肉山芋饼的调味鸡肉丸子，不管重新加热或冷冻都很美味。配色也很可爱，是适合带便当的一道料理。

| 烹饪时间 **30分钟** | 保存 冷藏**7天** 冷冻**3星期** | 烤箱或平底锅烹调 | 带便当 可 |

羊栖菜毛豆鸡肉丸

材料（分量约一个大号容器）

鸡胸肉馅 350 g
鱼肉山芋饼 1 片（大）
干燥羊栖菜约 10 g
毛豆（可用冷冻品）约
20 个豆荚

调料A

白高汤、酱油各 1 大匙，
砂糖 1/2 大匙。

做法

1 用水泡发羊栖菜；从豆荚取出毛豆；隔着包装袋，徒手把鱼肉山芋饼压碎；烤箱预热到 200 ℃。

2 把包括 1 的所有食材与调味料一同放进调理碗，均匀混合。

3 烤盘上铺烘焙纸，并把 2 捏成数个直径 3 ~ 4 cm 的丸子，均匀间隔地排放到烤盘上，以 200 ℃的温度烤 20 分钟。

小贴士

轻松压碎鱼肉山芋饼

隔着包装袋直接捏压，可以轻松压碎鱼肉山芋饼。虽然也可以用菜刀慢慢切碎再混合均匀，但隔着袋子用手揉搓，较容易混合。

用平底锅也可以

用平底锅时，鱼肉山芋饼容易烧焦，因此要用比较多的油煎。另外，此时的鸡肉丸子要做得稍微扁点（厚约1cm），比较容易熟。

烹调方式很简单，油炸青花鱼，蔬菜则用微波炉加热软化。蔬菜只放洋葱与胡萝卜也很美味。

烹饪时间 **20分钟**　保存 **冷藏5天**　平底锅烹调

洋葱醋腌油炸青花鱼

材料（分量约一个大号容器）

青花鱼 1 条
淀粉适量
洋葱 1/4 个
胡萝卜 1/3 根
甜椒（红、黄）各 1/4 个

调料A
醋 1 大匙，酱油 1/2 大匙。

调料B
醋 3 大匙，酱油 2 大匙，
砂糖 1 大匙，和风高汤
粉 1/2 大匙。

※ 用容器微波加热时，请使
用耐热材质。

做法

1　青花鱼去骨后切成适当大
小，并先沾上 A。

2　蔬菜洗净，洋葱切成薄片，
胡萝卜切成丝，甜椒切成
细条。

3　在耐热容器中装入 2 与大约
100 mL 水。用微波炉加热
蔬菜 2 ~ 3 分钟直到变软，
再加 B。

4　将 1 沾上薄薄的淀粉，在平
底锅加多一点油，热锅后油
炸煎烤。待鱼肉熟后，稍微
沥干油，趁热用 3 腌渍即可。
还可以依喜好撒上切成细末
的青葱。

小贴士

**放上青葱便是色香味俱
全的料理**

切成细末的青葱可以给食
材增添色彩。买来以后，
可以全部切成细末冷冻保
存，也可以使用冷冻品。

直接用腌渍青花鱼也可以

也可以使用事先调味过的
盐渍青花鱼做这道料理。
此时，建议调整味道，稍
微减少酱油的量。也可以
在最后加 1 小匙芝麻油
提味。

这是一道不用辣白菜，直接使用韩式辣酱做成的辣味炒菜。家里有剩下的卷心菜时推荐烹调。

烹饪时间 **15分钟** | 保存 **冷藏5天** | 平底锅烹调

韩式辣炒猪肉

材料（分量约一个大号容器）

碎猪肉块 350 g
卷心菜 1/8 ~ 1/4 颗
韭菜 1 把

调料A
韩式辣酱、酒各 2 大匙，
酱油 1 大匙，姜（软管式）、
蒜（软管式）各 3 cm。

做法

1 在猪肉上用叉子戳几个洞，再切成适当大小，卷心菜切大块，韭菜切成长 5 cm。

2 在平底锅热油，炒猪肉，待肉色改变后，依序放入卷心菜、韭菜拌炒。

3 在 2 中加混合均匀的 A，拌炒至水分刚好收干即可。

> **小贴士**
>
> 事先用叉子戳猪肉块是肉质软嫩的诀窍
>
> 事先在猪肉上用叉子戳很多洞，可以切断筋，煎烤时就不易老掉，并且重新加热时，肉质也能维持软嫩。
>
> 韭菜最后再放，可维持爽脆口感
>
> 为了不让韭菜太软，建议最后再放，略微拌炒就很美味。

个人吃的话，因为有芥末酱的味道，所以可以少放一点蛋黄酱。卷心菜搓盐后需要放一段时间再挤干水分，不过步骤很简单。

烹饪时间 **30分钟**　保存 冷藏**5天**　不用火烹调

芥末凉拌卷心菜

材料（分量约一个中号容器）

卷心菜 1/2 颗
胡萝卜 1/2 根
玉米（冷冻或罐头）约 1/2 杯
盐 1 小匙

调料A
调味醋、蛋黄酱、颗粒芥末酱各 2 大匙。

做法

1 卷心菜去芯后，用刨丝器等工具，尽量切成细丝；胡萝卜切成约 4 cm 长的细条。

2 把卷心菜与胡萝卜放进滤网，再洒满盐搓揉，然后在漏勺或调理碗中静置约 20 分钟。

3 在调理碗中放入A混合均匀，再放入用力挤干水分的蔬菜。然后加玉米搅拌，最后依喜好撒上粗磨黑胡椒即可。

小贴士

沥干汤汁再食用可保持口味

蔬菜会随时间释出水分，导致味道变淡，但只要沥干汤汁再盛装容器，吃的时候就不会有口味变淡的问题。

害怕生胡萝卜味的人可以先这么做

怕吃生胡萝卜的人，请先把胡萝卜微波炉加热变软，再稍微拌一拌即可解决这个问题。

这道菜饱含盐与柠檬的清爽滋味。即使多吃一点，也不必担心热量过高。把粉丝分成小份，长度不要太长，做起来会很方便。

烹饪时间 **15分钟** ｜ 保存 冷藏**5天** ｜ 平底锅烹调 ｜ 带便当

卷心菜拌粉丝

材料（分量约一个大号容器）

干粉丝约 40 g
卷心菜 1/8 ~ 1/4 颗
蒜 1 小瓣
芝麻油 1 大匙
汤料（膏型）、柠檬汁
各 2 小匙
盐、粗磨黑胡椒适量

做法

1 用热水泡发粉丝，蒜切成碎末，卷心菜切成容易吃的大块。在平底锅加热芝麻油，放入蒜炒到有香味后，加卷心菜继续炒。

2 稍微沥干水分，再放入粉丝拌匀，接着按照顺序加100 mL 水、汤料、柠檬汁，边煮干水分，边炒到熬煮的汤汁略减少为止。

3 最后用盐、粗磨胡椒调味即可。

小贴士

粉丝结块时的解决方式

汤汁太少的时候，保存粉丝容易结块，因此完成时请预留一些汤汁。结块时，请分装后用微波炉加热，就能轻松让粉丝散开。

把西葫芦与土豆交替重叠放入烤箱，烤至金黄色。使用烤箱等工具烤表面，这种烹调方法就称为"焗烤（Gratin）"。

 烹饪时间 **40分钟** ｜ 保存 冷藏**3天** ｜ 烤箱烹调 ▭ ｜ 带便当 ⬗

焗烤西葫芦土豆

材料（分量约一个中号容器）

西葫芦 1 个
土豆 1 个大的或 5 ~ 6 个小的
小番茄 5 个
帕马森干酪少许

调料A
橄榄油 1 大匙，蒜（软管式）3 cm，盐、粗磨黑胡椒各少许。

做法

1 烤箱预热到 220 ℃，西葫芦与土豆切成宽 5 ~ 7 mm 的薄片，再装入调理碗并加入 A 均匀混合，小番茄切成两半备用。

2 在耐热容器的内侧，涂上薄薄一层油，穿插摆上 1 的土豆与西葫芦，再随意放上小番茄，用 220 ℃的烤箱烤 20 分钟。

3 取出撒上帕马森干酪，再放入烤箱继续烤 10 分钟。最后取出，依喜好撒上罗勒叶即可。

小贴士

帕马森干酪要间隔一段时间再撒上

如果一开始就撒上帕马森干酪，在蔬菜烤熟前干酪就会烧焦。因此，要在焗烤中途撒上。若觉得麻烦，也可以在食用时撒上。

法式卷心菜

切成细丝的卷心菜，泡在热水里就会减少体积，因此一次就有可能吃 1/2 颗卷心菜。此外，这道菜还可以搭配主菜食用。

材料（分量约一个中号容器）

卷心菜 1/2 颗

调料A
橄榄油 1 大匙，颗粒法式清汤汤料 1/2 大匙，盐少许。

做法

1　把卷心菜切成细丝，并装入耐热碗中，淋上热开水，静置约 3 分钟。

2　用漏勺捞起 1，仔细沥干水分后装入调理碗中。加 A 仔细混合搅拌，一边试味道，一边加盐调味。

小贴士

卷心菜的水分要确认沥干！

水分太多味道就会变淡，口感也会变差。请务必用手攥干。把卷心菜切成细丝时，我会使用专用的刨丝器。

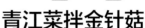

青江菜拌金针菇

这道菜是一道容易学会的美味料理，简单放调味料即可。可以享受到金针菇与青江菜的混合口感，此外冷藏再吃也很美味。

材料（分量约一个中号容器）

金针菇 1 包
青江菜 2 棵

调料A
白高汤 1.5 大匙，酱油 1 大匙。

做法

1　把金针菇的菌柄头切掉，再切成三等分，青江菜切成宽约 4 cm。在锅中煮开热水，从青江菜的茎部开始放入锅中，汆烫约 1 分钟，再用漏勺捞起，沥干水分。

2　再次用锅煮开热水，汆烫金针菇约 1 分钟，用漏勺捞起后，泡一下水再沥干。在调理碗中混合 A，拌上青江菜与金针菇即可。

小贴士

汆烫时间约 1 分钟已足够

要想口感清脆务必缩短汆烫时间。另外，可以在汆烫后用清水迅速洗金针菇以减少黏滑感。

西葫芦番茄沙拉

这是一道仅用盐与酱油调味的简单炒菜。真的只要炒一下就完成了，极力推荐在西葫芦便宜的季节烹调。

材料（分量约一个中号容器）

西葫芦 1 个
番茄 1 个（中）
橄榄油 2 大匙

调料A
酱油 1 小匙，盐约 1 小撮。

做法

把西葫芦与番茄切丁。

在平底锅放入橄榄油加热，把西葫芦炒到变色为止。接着加番茄拌炒，再用 A 调味即可。

小贴士

每次食用前都要沥干汤汁

蔬菜会出水，因此要稍微沥干汤汁，再装进容器。带便当时请再次沥干汤汁，再装入便当盒。

糖醋茄子甜椒

这是一道只要切菜、炒菜就能完成的简单料理。用芝麻油与蚝油做成的独特中式料理。喜欢吃辣的人也可以试着加入少许豆瓣酱。

材料（分量约一个中号容器）

茄子 1 个（大）
红、黄甜椒各 1/2 个
芝麻油适量

调料A
番茄酱 1.5 大匙，酒、蚝油各 1 大匙，酱油 1 小匙，蒜（软管式）2 cm。

做法

1 茄子与甜椒洗净后切丁。在平底锅加热芝麻油，放入茄子炒到变软为止。

2 放入甜椒拌炒，再加混合均匀的 A，炒到水分稍微收干为止。最后依喜好加盐即可。

小贴士

用多一点油把茄子炒到软烂为止

茄子与油特别相配。如果在意热量而减少油量，美味度也会随之减半。茄子皮会把油全都吸收，因此请大胆加油拌炒吧。

单柄锅烹调 　带便当

柠檬地瓜

这是一道只用砂糖与柠檬汁制作的简单又非常耐放的料理。我试过很多地瓜食谱，都很适合做成常备菜中的炖煮菜。

材料（分量约一个小号容器）

地瓜 1/2 块

调料A
砂糖 2 大匙，柠檬汁 2 小匙。

做法

1 仔细清洗地瓜，切成圆片后把皮削成条纹状，再泡在水里备用。

2 在锅中放入地瓜，加水，没过地瓜即可。加 A 并盖上锅盖，以大火加热，煮滚后转为中火，继续煮到变软为止即可熄火起锅。

小贴士

多一点熬煮的汤汁可以预防地瓜过干

装进容器后，放置在上层的地瓜表面容易过干。取出时，把这些地瓜泡在煮好的汤汁里保存，就能保持美味。

不用火烹调 　微波炉烹调 　带便当

金枪鱼蛋黄酱拌萝卜丝

金枪鱼与蛋黄酱的经典搭配，加醋可以让味道更清爽。但醋起到的效果意外地解决了保存问题。

材料（分量约一个中号容器）

萝卜干 40 g
胡萝卜 1/3 根
金枪鱼罐头 1/2 罐
青葱适量

调料A
蛋黄酱 2 ~ 3 大匙，调味醋 1 大匙，砂糖 1/2 大匙，酱油 1 小匙。

做法

1 泡发萝卜干，攥干水分后，再切成适当长度；把胡萝卜切成约长 3 cm 的细条，用微波炉加热到变软为止。

2 调理碗中放入萝卜干、胡萝卜、金枪鱼罐头以及 A 仔细混合。最后添加青葱即可。

小贴士

金枪鱼罐头使用油浸或无油的都可以

虽然食谱是连同罐头酱汁一起使用，但无油的罐头容易变得太水，因此要稍微把汤汁沥干再加。

烹饪时间 **10分钟** 保存 冷藏**3天**

平底锅烹调

烧茄子

甘咸的酱汁成分是由酱油、砂糖、醋按 1 : 1 : 1 的比例调制。只要记住这个比例，就很容易在做其他蔬菜料理时随机应变。

材料（分量约一个中号容器）

茄子 2 个（中）
青紫苏适量

调料A
酱油、砂糖、调味醋各 1 大匙。

做法

1 把茄子洗净后，去除蒂头后切滚刀块。在平底锅加热多一点油，将茄子炸熟。

2 在容器中先均匀混合 A，最后加入 1，充分拌匀即可。可依喜好撒上切成细丝的青紫苏。

小贴士

炸透的茄子口感更好

把茄子的皮向下放入热好的油中。重点是中途一定要翻面，慢慢炸到软烂为止。

即食

预先把味噌汤料做好，方便使用！

有空时，建议先把汤料做好，方便日后烹调速食味噌汤时使用。这个汤料大概能放两个星期，餐桌上只要有味噌汤就可以让人心灵平静。无论晚回家还是忙碌时，只要加水烹煮就能喝了。

材料（可食用约15次）

芝麻油 1 大匙
青葱（只用葱白）4 根

调料A
味噌 200 g，和风高汤粉 30 g，干海带芽适量。

做法

1 把青葱洗干净，切成碎末。

2 在平底锅热油，把葱白炒到软为止。

3 把2与A混合均匀后装入干净的容器即可。

常备菜生活也是一种省钱生活

决定好做几道菜以后，再去购物是比较恰当的做法。只是有些人一到超市，就容易在不知不觉间买了过多的食材，因此购物时请注意冰箱的库存。

每周需要常备菜的量可能因为个人的饮食习惯而有所不同。像我是平日五天不管出现几次相同的料理也没关系，所以通常一星期会做三四道主菜、六至十道配菜。因此，我会首先考虑库存的料理与食材，再思考实际制作几道菜与菜单。

掌握一星期预计在外面吃几顿饭也很重要，而且不仅是自己，也要知道家人的计划。只要知道"基本几道菜 –（库存量＋外食量）"，就能在最低限度内，完成常备菜的制作，减轻烹调作业的负担。

以"一星期可以用完"为目标准备食材，因此常备菜生活也可以练习预测现有的食材量能做出几道菜的能力。根据家人的人数，以及食量、食材等条件的不同，最后的烹调量应该也会因人而异。在这里，我是以我与先生两人生活为例。

预估食材可以做出几道菜

蔬菜
西蓝花 1 颗……1 道
青椒 4 个……1 道
卷心菜 1/2 颗……2 ~ 3 道
西葫芦 1 个……1 道
胡萝卜 1 根……2 道
牛蒡 1 根……2 道
地瓜 1 个……1 道
油菜 / 菠菜 1 把……1 道
豆芽菜 1 袋……1 道

鱼、肉
青花鱼 1 条……1 道
鲑鱼 / 鰤鱼 / 鳕鱼 2 切片……1 道
肉馅 200 g……1 道
猪肉（薄片 / 碎块）300 g……2 道
鸡肉（鸡腿肉 / 鸡胸肉）2 块……2 道

加工食品
鱼卷（4 个）1 袋……2 道
魔芋丝 1 袋……1 道
魔芋块 1 袋（50 g）……1 ~ 2 道

如果不太会组合使用主菜的鱼或肉，建议可以做几道菜用几样食材即可。以蔬菜为主的配菜，也可以组合两种以上食材，这样就可以制作稍微复杂的料理。

不能留到下星期的蔬菜，可以把多余的蔬菜装袋封口，或者购买零售包装。虽然可能觉得价格比较贵，但我觉得总比浪费食材好。还不习惯采购的时候感觉很辛苦，但现在学会后可以快速采买食材。

第四章

饱足感提升！
一周 14 道

这次会一口气做四道主菜，
这星期可以充分地享受鱼、肉类。
因为只有一天假期可以下厨，
所以就不在前一天另外采购食材，
这次要在一天内花 170 分钟来做菜。
烹调时间之所以有点久，
是因为我会一边看电视，一边享受做菜的过程。
这周我会多运用一些常备菜烹调的美味小技巧，
例如汆烫食材等方法，让料理更加美味。

主菜

1 柚子胡椒炸鸡

2 黑芝麻酱烧辣鸡

3 洋葱炖鲑鱼

4 梅酱涮猪肉

副菜

5 芦笋番茄烤箱烘蛋

6 红味噌拌豆渣

7 苦瓜金枪鱼炒蛋

8 油豆腐炒油菜

9 红味噌腌小黄瓜

10 咖喱胡萝卜沙拉

11 橙醋凉拌青江菜

12 韩式凉拌菜

13 芝麻牛蒡

14 醋腌西蓝花

买菜计划

肉、鱼类

鸡胸肉 ················	2 块
猪里脊薄肉片 ··········	350 g
鲑鱼 ·················	3 切片

蔬菜

西蓝花 ···············	1 颗
青江菜 ···············	4 棵
韭菜 ·················	1 把
小黄瓜 ···············	4 根
苦瓜 ·················	1 根
绿芦笋 ···············	3 根
新洋葱 ···············	1 个
豆芽菜 ···············	1 袋
牛蒡 ·················	1 根
青紫苏 ··········· 1 包（约 10 片）
小番茄 ···············	4 个
胡萝卜 ···············	1.5 根

其他（备用食材）

鸡蛋 ·················	6 个
豆渣 ·················	250 g
油豆腐 ···············	2 块
金枪鱼罐头 ···········	1 罐
冷冻青葱 ·············	适量
姜 ··················	2 小片
蒜 ··················	1 小瓣

常备菜的主菜若有剩菜，可以先储备在冷冻室慢慢吃。但因为这星期没有太多剩菜，所以做了四道主菜。青江菜很便宜，所以有两道青江菜料理。胡萝卜是耐放的蔬菜，但还是尽可能购买一星期能用完的量。若制作双人份，建议用一根中等大小的胡萝卜。

如何保存剩下的蔬菜②

虽然希望购买的胡萝卜能尽量用完，但市面上大多只卖两三根装的，因此建议把剩下的胡萝卜竖着放在比较凉爽且背阴的地方保存。像我家是竖着放在水槽下放调味料等材料的阴凉处。

⏰ 时间计划表

	0 分钟	30 分钟	60 分钟
不用火 ✖	• 黑芝麻酱烧辣鸡 （预先调味） • 柚子胡椒炸鸡 （预先调味） • 洋葱炖鲑鱼 （预先调味）	• 切菜 ⟶ （利用烹调的空当或烫东西的等待时间）	⟶
大锅			
单柄锅		• 盐水烫西蓝花 → • 醋腌西蓝花	• 韩式冷
平底锅			• 油豆腐
烤箱 微波炉			• 芦笋番茄炒 蛋

🖐 **要点**

制作配菜时要先预热烤箱，一边做需余烫的料理，一边煎蛋包饭。红味噌拌豆渣是用平底锅做的配菜，建议留到最后做。直接在平底锅上放凉降温，再趁这时候烹调小黄瓜。

• 红味噌腌小黄瓜

• 梅酱涮猪肉

• 橙醋凉拌
青江菜

• 芝麻牛蒡

青先 • 苦瓜金枪
鱼炒蛋

清洗 • 红味噌
拌豆渣

清洗 • 柚子胡
椒炸鸡

• 黑芝麻酱
烧辣鸡

清洗 • 洋葱炖鲑鱼

• 咖喱胡萝卜
沙拉（微波炉）

🖐 **要点**

厨具脏污时，若没有特别标示"清洗"，可仅擦拭平底锅，去除油垢，再用水冲一下锅即可。烫完食材后，每次都要把热水倒掉。

这是一道经典的干炸料理。柚子胡椒的风味与清爽的鸡胸肉很搭。

| 烹饪时间 **30分钟** | 保存 冷藏**7**天 冷冻**3**星期 | 平底锅烹调 | 带便当 | 可冷冻 |

柚子胡椒炸鸡

材料（分量约一个大号容器）

鸡胸肉 1 块
砂糖 1/2 大匙
盐 1/2 小匙
淀粉、色拉油各适量

调料A

酱油 1 大匙，柚子胡椒
2 小匙，蒜（软管式）
4 cm。

做法

1 用叉子在鸡肉上戳几个洞，再按照顺序搓进砂糖与盐，再切成适当大小。

2 把 1 装进塑料袋等容器，加入 A 搓揉入味。有时间的话，请静置约 20 分钟。

3 把 2 中的鸡胸肉取出，裹上淀粉。在平底锅放入较多的油，油炸至肉熟透即可。

小贴士

裹上淀粉的方法

把淀粉放进腌渍鸡肉的塑料袋里，稍微放进一些空气，再抓紧袋子口，上下甩动几次，让鸡肉均匀裹粉。若不是使用塑料袋腌渍，可以放进方形盘裹粉，但油炸前请拍掉多余的淀粉。

基本的干炸调味

直接把混合均匀的调味料搓进切成适当大小的鸡肉里。混合两大匙酒、一大匙酱油、蒜与姜（软管式）各 2 cm，也可依喜好添加柠檬汁、胡椒。

这是一道富有浓郁胡椒味和芝麻口感的料理。口味香辣令人一口接一口。

烹饪时间 30 分钟　**保存 冷藏5天**　平底锅烹调 　带便当 　可冷冻 ❄

黑芝麻酱烧辣鸡

材料（分量约一个大号容器）

鸡胸肉 1 块
淀粉适量
炒熟的黑芝麻适量

调料A
酒约 1 大匙，酱油 1 小匙，
蒜（软管式）4 cm，粗
磨黑胡椒适量。

调料B
味醂、酱油各 3 大匙。

※ 酒适量，恰好让鸡肉完全
浸泡即可。粗磨黑胡椒分量
则是磨转十次左右。

做法

1　去除鸡肉多余的油脂，再切
成适当大小，泡在 A 里 20
分钟以上。

2　轻轻去掉 1 的汤汁，再裹上
淀粉、芝麻。

3　在平底锅倒入分量偏多的油
（分量外），油炸 2。

4　沥掉多余的油，把混合均匀
的 B 倒入平底锅，让鸡肉沾
裹均匀。最后依喜好撒上粗
磨黑胡椒即可。

小贴士

油炸的要领

鸡肉入锅后，尽量不要翻
动，直到肉的周围都变白
为止。还没变色就翻面的
话，鸡肉就无法煎出漂亮
的色泽。重点是翻面后要
避免煎太久，太久的话会
让肉质过干。

这是一道用橄榄油做出的有些西洋风味的鲑鱼料理。这个食谱使用了半个洋葱，口味较重的人也可以放一整个。

烹饪时间 **20**分钟 | 保存 冷藏**7**天 | 平底锅烹调 | 带便当

洋葱炖鲑鱼

材料（分量约一个大号容器）

鲑鱼 3 切片
洋葱 1/2 个
橄榄油 3 大匙
味醂、酱油 1 大匙
青葱（细末）适量

调料A
酒 1 大匙，橙醋 1 小匙，
盐、胡椒各少许。

做法

1 鲑鱼洗净后，去除较大的鱼骨，切成适当大小后用 A 腌渍；洋葱切成碎末。

2 在平底锅加热橄榄油，鲑鱼皮朝下煎。

3 待鱼皮煎至焦黄后翻面继续煎，放入洋葱、味醂、酱油后加盖干蒸。

4 待鱼肉全熟后起锅，撒上青葱即可。

小贴士

用橙醋预先调味

如果想在这道菜添加一点柑橘风味，可以在预先调味时使用橙醋。只要准备一瓶就很方便，如果家里不常备橙醋，也可以加一点柠檬汁，这样就可以变成一道清爽的炖鱼料理。

虽然烫猪肉的步骤有点花时间，但精心制作是美味的秘诀。带便当也可维持软度。

烹饪时间 15分钟 | **保存 冷藏5天** | **大锅烹调** 🥘 | **带便当** 📦

梅酱涮猪肉

材料（分量约一个大号容器）

猪里脊薄肉片（火锅肉）
250 g

梅干（盐分 8% ~ 10%）
3 颗（大）

青紫苏（切成细丝）10 片

调料A

白高汤 2 大匙，酱油、
炒熟的白芝麻各 1 大匙。

做法

 梅干去核后用菜刀拍过，与
青紫苏一起放进调理碗，再
与 A 混合。

2 起锅煮沸热水后关火。把猪
肉摊开每次放入锅中五六
片，等变色后用漏勺捞起沥
干水分。

3 趁 2 的肉还没完全变凉，放
入装了 1 的调理碗中搅拌。
等热水的温度下降后，一边
开火加热，一边重复进行步
骤 2 → 步骤 3。

小贴士

烫肉不用开水也可以

可以在水不太开的时候烫
肉。在确认肉的红色部分完
全消失后，就可捞起沥干。

也可调换酱料

推荐把梅果酱换成芝麻酱
料（酱油、砂糖各 2 大匙，
调味醋、白芝麻酱、磨碎
的白芝麻各 1 大匙），这
样会有另一番风味。

※ 青紫苏容易变色，因此也
可以在要吃之前添加。

这道菜的外观很可爱，是一道可以用来招待客人的料理。保存时，也可以先切成适当大小。

烹饪时间 **30**分钟　保存 **冷藏4天**　烤箱烹调 　带便当

芦笋番茄烤箱烘蛋

材料（分量约一个 20 cm×20 cm的耐热盘）

鸡蛋 4 个
绿芦笋 3 根
小番茄 4 个
洋葱 1/2 个

调料A
蛋黄酱、颗粒法式清汤
汤料各 1 大匙。

做法

1 把烤箱预热到 220 ℃；食材洗净后，折断芦笋根部较硬的地方，对切后纵向剖半；小番茄去除蒂头，纵向剖半；洋葱切成碎末。

2 把蛋打进调理碗，用长筷子搅匀。加 A 与洋葱混合。

3 在耐热容器上涂上薄薄一层油，倒入 2，在上面摆芦笋与小番茄。最后用 220 ℃的烤箱烤 20 分钟即可。

小贴士

去除芦笋根部，保留好口感

抓住芦笋的两端，在靠近根部处用力折弯，坚硬的部分就会应声折断。如果还是觉得有些地方的皮很粗，也可以用削皮刀把粗皮削掉。

曾在小餐馆吃过深茶色的美味豆渣，从中受到启发，试着用红味噌制作。

烹饪时间 **20** 分钟　保存 冷藏 **5** 天　平底锅烹调 　带便当

红味噌拌豆渣

材料（分量约一个大号容器）

豆渣 250 g
胡萝卜 1/2 根
姜 2 小片

调料A

味醂、砂糖各 2 大匙，
红味噌、酒、酱油各 1
大匙。

做法

1　把姜切成碎末；胡萝卜切成
碎末。全部放入耐热容器，
用微波炉加热 1 ~ 2 分钟，
直到变软。

2　加热平底锅，放入豆渣并调
整火候，避免烧焦，干炒至
整体干爽为止。

3　把 1 放入 2 中拌炒，再加入
混合均匀的 A，煮到汤汁收
干为止。可依喜好拌入切成
细末的青葱。

小贴士

请尽量使用生豆渣

建议使用生豆渣，尽量不
要使用干豆渣。炒豆渣时
请炒至只留下些许滋润的
感觉，标准是用汤匙压豆
渣时，能够压出形状。

苦瓜的苦味搭配鸡蛋与金枪鱼，会变得更容易入口。虽然很像冲绳苦瓜炒豆腐的风格，但也正因为没加豆腐就更适合带便当了。

烹饪时间 **10分钟**　保存 冷藏**4天**　平底锅烹调 　带便当

苦瓜金枪鱼炒蛋

材料（分量约一个大号容器）

苦瓜 1 根
金枪鱼罐头 1 罐
鸡蛋 2 个
芝麻油 1 大匙

调料A
酒 1 大匙，酱油 2 小匙，
盐少许。

做法

1　苦瓜洗净后，纵向剖半，去除纤维，切成宽约 5 mm。

2　在平底锅加热芝麻油，把 1 的苦瓜放进锅拌炒。炒熟后，加沥干汤汁的金枪鱼罐头继续炒。

3　在 1 加入 A 混合，打散鱼肉并倒入鸡蛋，呈现肉松状，开火煮熟即可。

※ 金枪鱼罐头既可以使用无油的类型，也可以使用有油的类型。使用有油的类型时，可直接把油一并倒入，并调整芝麻油的量。

小贴士

在意苦瓜苦味时的做法
怕苦的人可以在切成薄片的苦瓜上搓盐并放几分钟，之后迅速煮一下再使用。不过请注意煮太久的话苦瓜会变得不清脆。

烹饪时间 **10分钟**　保存 冷藏**3天**

平底锅烹调 带便当

油豆腐炒油菜

这是一道用平底锅就能完成的简单料理。不过不太耐放，因此尽量在一个星期的开头就吃完。

材料（分量约一个中号容器）

油菜 1 把
油豆腐 2 块

调料A
酒、味醂各 1 大匙，酱油 1/2 小匙，和风高汤粉 1 小匙。

做法

把油菜洗净后，切成宽约 5 cm 的大小；把油豆腐切成细条。

在平底锅放入 A 与 150 mL 水，开火加热煮沸。

把油豆腐、油菜的茎部放入，并在上面平铺叶子。加盖熬煮到汤汁稍微变少为止。

小贴士

油豆腐的保存方法
油豆腐经常无法一次用完，可以预先将其切成细条后放冷冻室保存，之后也可直接使用冷冻的油豆腐做炖煮料理或搭配卤萝卜干使用（第 32 页）。

烹饪时间 **30分钟**　保存 冷藏**7天**

不用火烹调 带便当

红味噌腌小黄瓜

这是一道令人怀念的酱菜。可以在腌透前吃，也可以在完全腌好后再吃。

材料（分量约一个中号容器）

小黄瓜 4 根
盐 1 小匙

调料A
红味噌 2 大匙，蒜 1 小瓣，姜 1 小片。

做法

1 把小黄瓜洗净后，摆在砧板上，撒上盐，搓揉入味，再用纸巾包起来静置约 20 分钟。

2 把 A 的蒜、姜切成细条装入容器，再添加红味噌。

3 把 1 的小黄瓜皮用削皮刀纵向削掉约三处，再切成适当长度。最后放入 2 中搓揉入味即可。

小贴士

注意小黄瓜所释出的水分

若时间紧凑，可以把已经撒盐的小黄瓜立刻搭配调味料食用。这道菜放置一两天后，会释出水分。建议在步骤 1 的状态下放一晚后再食用，这样就不容易出水变淡了。

微波炉烹调 带便当

咖喱胡萝卜沙拉

这是一道以胡萝卜为主角的沙拉。调味只用咖喱粉与番茄酱，用微波炉就能做好，这是一道连火都不用的简单快速料理。

材料（分量约一个小号容器）

胡萝卜 1/2 根

调料A
番茄酱 1 大匙，咖喱粉 1.5 小匙。

做法

1　把胡萝卜洗净后切成细条，用微波炉加热约 2 分钟。

2　在调理碗中放入 1 与 A，仔细搅拌直到咖喱粉均匀混合为止。可依喜好撒上干香芹叶。

小贴士

也可使用咖喱块

比起咖喱粉，我经常使用可以让味道更明显的薄片型咖喱块，也推荐应用在其他料理上。

单柄锅烹调 带便当

橙醋凉拌青江菜

清爽的橙醋很爽口！调味料可以和橙醋做各种搭配，味道会更浓厚。

材料（分量约一个中号容器）

青江菜 2 棵
胡萝卜 1/2 根（中）

调料A
白高汤 1.5 大匙，酱油、磨碎的白芝麻各 1 大匙，橙醋 1 小匙。

做法

1　洗净食材后，把青江菜切成适当大小；把胡萝卜切成细条。

2　在锅中煮开足够的热水，放入青江菜40 ~ 60 秒后，用漏勺捞起沥干水分；接着汆烫胡萝卜，再用漏勺捞起沥干水分备用。

3　在调理碗中放入 2 与 A，拌和均匀即可。

小贴士

青江菜要捞起冷却

所谓的捞起冷却，是指把焯过的蔬菜放在漏勺上沥干水分，不用泡水捞起放冷。

柄锅烹调 🗂 带便当

单柄锅烹调 🗂 带便当 📦

韩式凉拌菜

芝麻牛蒡

又是一道使用廉价的食材豆芽菜制作的配菜。烹
饪时间比较久，目的是为了把水分沥干，这是耐
放与美味的关键。

这是我经常做的常备菜之一。为了不让水分太多，
我会做成少放味醂、多放砂糖的甜咸味。

材料（分量约一个大号容器）

青江菜 2 棵
豆芽菜 1 袋

调料A

芝麻油、炒熟的白芝麻各 1 大匙，汤料、
酱油各 1/2 大匙，蒜（软管式）4 cm。

材料（分量约一个中号容器）

牛蒡 1 根

调料A

味醂、砂糖各 1.5 大匙，酱油 1 大匙，
磨碎的白芝麻 3 ~ 4 大匙。

做法

把青江菜洗净后，切成适当大小。

在锅中煮开足够的热水，从青江菜的茎开
始放入，煮 40 ~ 60 秒后用漏勺捞起沥
干水分；接着氽烫豆芽菜，再用漏勺捞起
沥干水分。

在调理碗放入 2 与 A，并倒入少许热开
水仔细搅拌即可。

做法

1 把牛蒡洗净后去皮，切成长 4 ~ 5 cm 大
小，纵向剖半，泡水。

2 煮开一锅热水，把沥干水分的 1 放入锅中，
煮 7 ~ 8 分钟，再用漏勺捞起放凉降温。

3 在调理碗中混合 A，再加 2 搅拌均匀即可。

小贴士

烫豆芽菜的方法

不太喜欢豆芽菜独特气味的人可以盖锅盖煮 5 ~ 6
分钟。虽然豆芽菜会有点软烂，但比较好入口。

小贴士

这道料理需防止水分过多

已放凉降温的牛蒡，最好用纸巾擦掉水分后，再
拌上调味料。如果水分过多，建议多加点磨碎的
芝麻。

| 烹饪时间 **15分钟** | 保存 **冷藏4天** |

单柄锅烹调  带便当

醋腌西蓝花

这是一道顶级西式泡菜，推荐作为在家喝酒时的下酒菜。照片是西式泡菜汁液腌透前的状态。

材料（分量约一个储存瓶）

西蓝花 1 颗
盐适量
蒜 1 小瓣
红辣椒 1 个
调味醋适量
粗磨黑胡椒很多

做法

1 把西蓝花洗净后掰成小块，蒜剥皮后纵切剖半。

2 在锅中煮开足够的热水，加盐后放入西蓝花。汆烫约 1 分钟，再用漏勺捞起放凉降温。

3 把西蓝花、蒜、辣椒放进储存瓶里，并放入恰好淹过食材的调味醋，最后撒上黑胡椒即可。建议放一两天后再食用。

小贴士

没有调味醋时的选择
使用谷物醋之类的时候，建议加适量的砂糖并煮滚再使用，这样味道会变温和。

1 盐水烫西蓝花

我有一个特别的汆烫西蓝花菜的方法。只要别烫太久，真正冷却后就比较耐放，一星期都还可以食用。因为使用的是单柄锅，因此用少量的热水就能完成。

茎部朝下，充分汆烫

在单柄锅装入约 500 mL 的水与 1 小匙盐，再开火加热。把 1 颗西蓝花掰成小块，水开后把西蓝花的茎部朝下放入水中。

虽然锅里的西蓝花塞得很满，但要想办法让全部的茎都朝下。

加盖烫煮，提前试味

加盖后转为比大火稍弱的火，烫煮 2 ~ 3 分钟。只要把单柄锅的锅盖稍微偏移留个缝即可。让锅内充满蒸气就能有效煮熟。试吃茎部，若不过于生硬，即可关火。

花蕾朝上，自然冷却

不要重叠摆在竹筛上，而且不要让花蕾朝下，否则口感就会发黏！自然冷却后装到容器里再放进冰箱。

西蓝花一旦煮太久，就会变得非常不耐放。我吃便当时会用微波炉加热，因此不会煮得太熟。这样一来，直到一星期的最后都能放心食用。顺带一提，之所以购买西蓝花主要是为了便当的颜色搭配。为了便当的"绿色"，我会根据价格的高低选择西蓝花或莴苣。

2　平日从保存期限短的食物开始吃

要顺利进行常备菜生活，食用方法也是关键。做好的每道菜的可存放时间都不一样，因此为了避免好不容易做好的料理坏掉，管理冰箱的库存、决定食用的顺序就很重要。

（1）了解配菜的优先食用顺序

配菜要先吃叶菜类，炖煮类则延后吃。水分多而容易腐坏的炒叶菜之类的菜，最好在平日的第三天以前吃完；而味道较浓、水分较少的炖煮类，能坚持工作日五天。保存期限长的料理就算制作的当周有剩菜，也可以留到下星期，延后吃也安心。像我平常会吃大约冷藏保存十天的菜。

（2）了解主菜的优先食用顺序

主菜要先吃不适合冷冻的菜。冷冻也不易流失风味，较容易处理的菜则延后吃。例如：干炸、裹面粉炸的食物，汉堡肉饼就是冷冻过也容易处理的菜，可以延后吃；洋葱醋腌油炸鱼或煎鱼等就在制作的当周吃。基本上不需要冷冻料理，但做太多的时候就先冷冻等下星期再吃。

（3）浅显易懂地告知要吃的人

为了自己不在时，管理库存不出问题，要简单地告知家人希望优先吃哪些菜。例如：把希望先吃的料理放在冰箱最下层之类的，并且可以制定浅显易懂的食用规则。

第五章

少量满足款
一周 11 道

做菜时间为 90 分钟。

料理数量总计为 11 道菜，

这周我们预计做比较少的菜。

有时周末很忙，腾不出时间下厨，

或者有上星期留下的剩菜，或平日预计有多次在

外吃饭的机会，

就可以做这套常备菜套餐。

即使每天要吃，也只是每道菜多采购一点食材，

即使料理种类不多，也能吃得健康。

本周菜单

主菜

1 黑胡椒烤翅根

2 青椒炒肉丝

3 柚子胡椒烤鳕鱼

4 味噌猪肉

副菜

5 辣拌豆芽菜

6 清烫秋葵

7 甜椒金枪鱼

8 柴鱼片拌菠菜

9 醋牛蒡

10 醋腌胡萝卜炒蛋

11 粉丝炒牛蒡

罗 买菜计划

月、鱼类

翅根 ·························· 10 ~ 15 只
猪肉块 ······················ 400 g
鱼 ·························· 3 片

蔬菜

菠菜 ························ 1 把
秋葵 ························ 1 包
萝卜 ························ 1 根
牛蒡 ······················ 2 根（细）
豆芽菜 ······················ 1 袋
蟹味菇 ······················ 1 包
甜椒（红）·················· 1 个（中）
甜椒（黄）·················· 1 个（中）
水煮竹笋 ···················· 1 袋
青椒 ························ 3 个
洋葱 ························ 2 个

其他（备用食材）

鸡蛋 ························ 1 个
干粉丝 ······················ 50 g
金枪鱼罐头 ·················· 1 罐
冷冻青葱 ···················· 适量

因为烹调时间比平常短，所以购买简单氽烫就能做出配菜的蔬菜；主菜则考虑可以使用烤箱缩短烹调时间的菜色，例如肉和鱼。翅根在料理种类少的时候，可以用来增加菜色，所以多准备一点。

> **只用一半剩下的蔬菜**
> 洋葱只要没切过，通常是很耐放的蔬菜，未使用的洋葱可以直接放在水槽下保存。
> 虽然尽可能不要剩下蔬菜，但若剩下还是可以用保鲜膜包紧，放进冰箱保存。土豆则尽量不要剩下。

⏰ 时间计划表

	前一天（10 分钟）	0 分钟
不用火 ✖	• 黑胡椒烤翅根（预先调味） • 青椒炒肉丝（预先调味） • 味噌猪肉（腌渍）	• 切菜 （利用烹调的空当或烫东西的等待时间）
单柄锅 🍲		• 柴鱼片拌菠菜　　• 辣拌豆芽菜
平底锅 🍳		
烤箱微波炉		

🖐 **要点**

星期天有其他安排的时候，我会在星期六去采买食材并立刻事先备料。先腌渍味噌猪肉，一周中间就可以烹调。实际的烹调时间 90 分钟中，也包含了等待烤翅根完成的时间。可以趁这段时间把菜装到容器中，或收拾整理煤气炉周围。

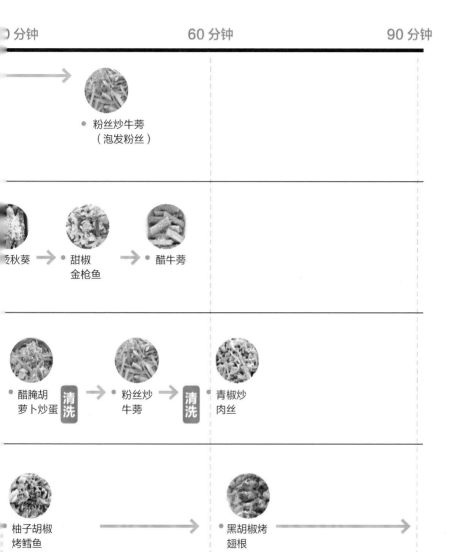

● 粉丝炒牛蒡
（泡发粉丝）

◄秋葵 ➡ ● 甜椒
金枪鱼 ➡ ● 醋牛蒡

● 醋腌胡
萝卜炒蛋 **清洗** ➡ ● 粉丝炒
牛蒡 **清洗** ➡ ● 青椒炒
肉丝

● 柚子胡椒
烤鳕鱼 ➡ ● 黑胡椒烤
翅根 ➡

🖐 **要点**

厨具脏污时，若没有特别标示"清洗"，可仅擦拭平底锅，去除油垢，再用水冲一下锅即可。烫完食材后，每次都要把热水倒掉。

这是一道只要使用烤箱，就能做出美味多汁又减低热量的料理。使用鸡翅制作也很美味。建议在周末有空的时候，提前一天用酱料腌渍。

| 烹饪时间 **30**分钟 | 保存 冷藏**5**天 | 烤箱烹调 |

黑胡椒烤翅根

材料（分量约一个大号容器）

翅根 10 ~ 15 只

调料A
酱油、酒各 2 大匙，砂糖或蜂蜜 1 大匙，姜（软管式）、蒜（软管式）各 1/2 大匙，粗磨黑胡椒适量（很多）。

做法

1 把翅根洗净后与 A 一同放入塑料袋中，让所有材料均匀沾裹后放进冰箱，放置最少 20 分钟，可以的话最好放置一晚。

2 把烤箱预热到 220 ℃。把 1 从冰箱取出，放置常温下回温。

3 在烤盘上铺上烘焙纸，烤 20 ~ 25 分钟即可。

小贴士

提前把翅根从冰箱拿出

把翅根先放在常温下，可以烤得比较熟透。如果有充裕的时间，从冰箱取出后不要马上烹调，取出后先静置约 30 分钟，再使用烤箱烘烤。

变化调味料可做出不同风格的料理

砂糖与姜也可以使用自制的浓缩蜂蜜姜（第 119 页）取代。10 只翅根的建议比例约是 1/2 大匙。

另外还可使用水煮竹笋，性价比也很高。只要拌炒并添加调味料，就算没做过这道菜，也能轻易完成。

烹饪时间 **10 分钟** | 保存 冷藏 **5 天** | 平底锅烹调 🔍 | 带便当 📦

青椒炒肉丝

材料（分量约一个大号容器）

碎猪肉块 200 g
水煮竹笋（细）1 袋
青椒 3 个
面粉适量（1 大匙）
蒜（软管式）2 cm
酒 2 小匙
砂糖 1/2 大匙
蚝油 1 大匙
酱油 1 小匙
胡椒适量
芝麻油适量

做法

1 把食材洗净后切成细条，淋上适量酒（分量外）；青椒切成细条；水煮竹笋沥干水分备用。

2 在平底锅加热芝麻油，放入裹上薄薄一层面粉的 1 的肉条，炒到表面变色为止。接着加蒜、青椒、竹笋轻轻拌炒。

3 依序放入酒、砂糖、蚝油、酱油拌炒，再轻轻撒上胡椒即可。

小贴士

肉的备料使用塑料袋很方便！

我经常把肉装进塑料袋再用酒腌渍，因此面粉也直接放进袋子里，稍微让空气跑进去，再用力上下甩袋子让面粉均匀沾裹，很轻松地就可以完成。

面粉移装瓶子保存

面粉的袋子经常开合，面粉会飘散出来，非常讨厌，因此可以装进保存瓶，用匙子取出使用。此外用瓶子保存外表很可爱，我十分喜欢。

肉质有弹性的鳕鱼很适合搭配味道浓厚的蛋黄酱。柚子胡椒是这道菜的重点，也可以和切片的洋葱一起烤。

烹饪时间 **30分钟** | 保存 **冷藏5天** | 烤箱烹调 | 带便当

柚子胡椒烤鳕鱼

材料（分量约一个大号容器）

鳕鱼 3 切片
盐 3 撮
蟹味菇 1/4 ～ 1/2 包
橄榄油适量
盐、胡椒适量

调料A
蛋黄酱 1 大匙，柚子胡
椒 1/2 大匙。

做法

1　洗净食材后，把鳕鱼切成适当大小，搓盐后用纸巾包起来，放约 5 分钟再把水分擦掉；蟹味菇去柄头后，拌入橄榄油、盐、胡椒。

2　把烤箱预热到 200 ℃。在烤盘上铺上烘焙纸，把鳕鱼的鱼皮朝下摆上烤盘。

3　鳕鱼涂上混合均匀的 A，烤盘空隙间放上蟹味菇。

4　用 200 ℃的烤箱烤 15 分钟，最后依喜好撒上切成细末的青葱即可。

小贴士

请学会"1 小撮"的拿捏拇指、食指、中指这三根手指头掐起 1 小撮盐的量，用来把鱼块的两面充分搓盐入味。

当肉料理调味伤脑筋时，味噌是很方便的酱料，而且腌过更耐放。这次腌渍的是碎猪肉块，要吃当天再炒。

| 烹饪时间 **15 分钟** | 保存 **冷藏5～7天** | 平底锅烹调 | 带便当 | 可冷冻 |

味噌猪肉

材料（分量约一个中号容器）

碎猪肉块 200 g
洋葱 1/4 ～ 1/2 个
青葱适量

调料A

味噌 2 大匙，酒、味醂、
砂糖各 1 大匙，酱油、
芝麻油各 1 小匙，蒜（软
管式）2 cm。

做法

1　在容器混合 A 并放入猪肉，用叉子戳肉让味道充分融合，最少放 20 分钟，可以的话，建议腌渍一晚。

2　把洋葱洗净去皮并切半后，切成宽 3 ～ 5 mm 以便切断纤维。

3　把 1 与 2 放入平底锅，用稍弱的小火拌炒，待猪肉熟透后撒上切成细末的青葱即可起锅。

小贴士

不用油炒！可依喜好选择搭配的食材

调味料当中已经有油了，因此拌炒时不用油也没关系，但请小心容易烧焦。先放在常温下再煎炒，就会比较容易熟。搭配的食材除了洋葱以外，也推荐葱或鸡蛋。

味噌腌肉非常方便！

在味噌腌渍的状态下，烹调冷藏保存五天、腌渍三天的食材，可以再冷藏保存三天。在腌渍状态下也可以冷冻保存，烹调过的肉重新加热也很美味。即使是几乎不下厨的我先生，也会炒这道菜。

配菜

烹饪时间 **5** 分钟 ｜ 保存 冷藏3天

单柄锅烹调 带便当

辣拌豆芽菜

这是一道能充分利用 1 袋豆芽菜的料理。在完全沥干豆芽菜的水分后再拌菜，应该可以稍微延长保存期限。

材料（分量约一个中号容器）

豆芽菜 1 袋
炒熟的白芝麻 1 大匙

调料A

酱油、汤料（膏型）各 2 小匙，芝麻油 1/2 大匙，豆瓣酱 1 小匙，蒜（软管式） 2 cm。

做法

1 在锅中煮沸热水，烫豆芽菜 1 ~ 2 分钟，保留其爽脆的感觉。

2 在调理碗放入 A 与炒熟的芝麻混合，然后趁热加沥干水分的 1 混合。

小贴士

膏型的汤料是关键

即使是膏型的，也可以借由刚烫好的豆芽菜的水分和热度使之融化。如果喜欢吃辣的，可以稍微多放一点豆瓣酱；如果很在意热量，制作时也可不加芝麻油。

烹饪时间 **10**分钟 ｜ 保存 冷藏5天

单柄锅烹调 带便当

清烫秋葵

秋葵短时间就可以烫好了，因此是一道能立刻完成、悠闲享用的配菜。既可以从冰箱取出直接吃，也可以重新加热再享用。

材料（分量约一个中号容器）

秋葵 1 包
柴鱼片（可用完的类型）1/2 包

调料A

酱油 1 大匙，白高汤 1 小匙，姜（软管式） 3 cm。

做法

1 在锅中煮沸热水；秋葵切掉薄薄一层蒂头，萼的部分环状削掉一圈。

2 在 1 的锅中放入 1 小撮盐以及秋葵，烫 1 ~ 2 分钟。把 A、沥干水分的秋葵一起装入容器，再撒上柴鱼片即可。

小贴士

不要从萼的下面切掉秋葵的蒂头！

秋葵的蒂头部分也可以吃！要想做的美味，切掉的时候务必不要让水分跑进去。菜刀要倾斜紧贴着削掉蒂头。

甜椒金枪鱼

清爽口味的腌泡鱼，冰镇过后真是美味！关键是稍微沥干腌泡的水分再保存。

材料（分量约一个中号容器）

甜椒（红、黄）各 1 个（中）
洋葱 1 个（中）
金枪鱼罐头 1 罐

调料A

谷物醋 4 大匙，橄榄油、砂糖各 1 大匙，盐少许。

做法

把甜椒切成细条烫约 1 分钟，再用漏勺捞起；盐尽可能把洋葱切薄并泡水。

在调理碗中放入 1、金枪鱼罐头以及 A 搅拌均匀，并静置约 20 分钟。轻轻擦掉剩余的水分，再移装容器。

小贴士

若不喜欢洋葱的辣味可以这么做

把洋葱与少量水放入耐热容器，再用微波炉加热 1 ~ 2 分钟。沥干水分，放凉降温后再使用就能缓和辣味。

柴鱼片拌菠菜

这是一道经典的日式配菜，很适合为便当增添配色。此外也可以使用油菜。

材料（分量约一个中号容器）

菠菜 1 把
柴鱼片（可用完的类型）1/2 包

调料A

酱油 2 小匙，白高汤 1 小匙。

做法

1 在锅中煮沸热水并加适量盐。从根部开始放入菠菜，经过几秒后，连叶子也放入锅中，并盖上锅盖煮 30 ~ 60 秒，再用漏勺捞起放凉降温。

2 切掉根部后切成四等分，挤干水分装入容器，浸泡在混合均匀的 A 里，最后放上柴鱼片。

小贴士

白高汤是日式料理不可或缺的元素！

白高汤可以给料理带来明显的日式风味。我把白高汤灵活运用在各种料理上，制作出各种独特的风味。若你以前没用过，真的值得一试哦。若没有白高汤，可以换成加鲜味调味料也很美味。

烹饪时间 **15分钟** | 保存 冷藏**7天**

单柄锅烹调 | 带便当

醋牛蒡

这是一道口感爽脆可口的料理，用牛蒡做成的料理很耐放。虽然烹调时间比较久，但步骤其实很简单。

材料（分量约一个中号容器）

牛蒡 1 根（细）
炒熟的白芝麻 1/2 大匙

调料A
酱油、调味醋各 1 大匙，砂糖 1/2 大匙，
白高汤 1 小匙。

做法

1 把牛蒡切成约 5 cm 的段状，再纵向剖半泡水。在锅中煮开热水，放入沥干水分的牛蒡汆烫 7 ~ 8 分钟。

2 在调理碗中混合 A 与炒熟的芝麻，并趁热加沥干水分的 1 混合即可。

小贴士

牛蒡切好就立刻泡水

牛蒡切好以后要尽快泡水。我总是在切牛蒡之前就先用调理碗装满水。汆烫之前先在水中搓揉牛蒡，把杂质清除干净。并且浸泡的时间无须过长，只需泡到用来汆烫的热水沸腾即可。

烹饪时间 **10分钟** | 保存 冷藏**5天**

平底锅烹调 | 带便当

醋腌胡萝卜炒蛋

这道菜可以在胡萝卜没用完时做，依喜好也可以和各种坚果一起炒，味道也很美味。

材料（分量约一个中号容器）

胡萝卜 1/2 根（中）
鸡蛋 1 个
芝麻油 1 ~ 2 大匙
炒熟的白芝麻适量

调料A
白高汤 2 小匙，酱油 1 小匙。

做法

1 尽量把胡萝卜切成细丝。用平底锅加热芝麻油炒胡萝卜，把胡萝卜炒到非常柔软后，再加 A 拌炒。

2 加打散的鸡蛋拌炒，最后撒上炒熟的芝麻。

小贴士

仔细炒熟胡萝卜是味道的关键！
只有把胡萝卜炒到非常柔软，才能引出甜味。

烹饪时间 **10分钟**	保存 冷藏**5天**

 底锅烹调 带便当

分丝炒牛蒡

...到使用牛蒡的经典料理，就不得不提"香炒牛蒡"。这道菜的调味方法很独特，醋带来的清爽风味令人大快朵颐。

材料（分量约一个大号容器）

干粉丝约 40 g
牛蒡 1 根（细）
胡萝卜 1/3 根（中）
芝麻油 1 大匙
炒熟的白芝麻适量

调料A

调味醋 4 大匙，白高汤 1/2 大匙，酱油 1 小匙。

做法

1 把食材洗净后，用热开水泡发粉丝；把牛蒡斜削成薄片或切成细条后泡水；把胡萝卜切成细丝。

2 在平底锅加热芝麻油，放入牛蒡拌炒。牛蒡沾满油时放入胡萝卜，炒到变软后把火候转小，再加沥干水分的粉丝以及 A 拌炒，最后撒上炒熟的芝麻即可。

小贴士

不要把水分炒太干！

粉丝的水分太少就会黏在一起，因此请降低平底锅的温度后再加调味料。如果水分不够，请加点水再炒。考虑到搭配粉丝食用，慢慢地把牛蒡炒软会比较美味。

你是适合过常备菜生活的人吗?

常备菜的料理规则要配合生活方式随机应变,才是持之以恒的关键。也可能出现只做配菜、只做主菜、菜的数量比较少等状况,请检查以下的要点找出适合自己、没有负担的方法,才是持续做下去的诀窍。

一、平日会下厨吗? 有其他下厨的人吗?

考虑要做几道常备菜之前,要先思考自己平日会不会下厨。像我是全职上班,先生对所有家务都很不擅长,因此不管主菜还是配菜,都要先做常备菜。

如果只有一点点时间,只做配菜也可以。虽然有空但平日讨厌下厨的人,也可以只先做主菜,平日也会比较轻松。

二、一星期的常备菜需要几道菜?

接着,要根据家人、当周的状况思考该做几道菜。像我会做 3 ~ 4 道主菜、6 ~ 10 道配菜。平日五天的主菜有重复也没关系,因此就做 3 ~ 4 道菜每天轮流更换;配菜则是一星期各 2 ~ 3 道菜轮替。

三、可以持续待在厨房烹调的时间有多久?

决定好常备菜该做几道菜后,就要思考制作这些菜自己需要多长时间。思考常备菜需要的时间,以及自己不会觉得痛苦,可以连续不断持续烹调的时间哪个比较久。像我觉得 2 小时并不痛苦,3 小时就会觉得有点痛苦了。

如果不觉得痛苦的下厨时间比制作常备菜所需的时间少,建议一星期下厨两次。

第六章

作者推荐
常备菜 27 道

这里介绍的是，深受我先生好评，
以及我个人觉得简单又美味的料理，
其他还有博客上点击阅读率最高的菜色等。
内容有主菜、配菜，
这么多种类供大家挑选。
一起加入常备菜的生活中吧！

黄油鸡肉

这是一道香料满满的减糖黄油鸡肉料理。虽然看起来很费工，但其实做法非常简单快捷，很适合在家庭聚餐时制作。

日式酱烧鸡腿

这道料理放了很多酱油、酱料和芥末，风味犹特醇厚。当然也可以依喜好多加 1 大匙酱料。

味噌蛋黄酱鸡肉

这是一道很下饭的菜，味噌和蛋黄酱形成了浓厚的风味。可以依喜好调整味噌的用量，做成喜欢的浓度。

韩式炸鸡

这道菜使用了以番茄酱为基底的甜咸酱料，很像干烧虾仁那种熟悉的味道。此外，把白肉鱼当主食材也应该不错。

烹饪时间 **20分钟** 保存 冷藏7天

 平底锅烹调 带便当

黄油鸡肉

材料（分量约一个中号容器）

鸡腿肉 1 块、洋葱 1/4 个、蒜 1 小瓣、酒 2 大匙、黄油 20 g

调料A

原味酸奶（无糖）100 g，咖喱粉 1 大匙，香辛混合料 2 小匙，孜然粉、香菜粉各 1/2 小匙，姜黄粉约撒 3 下。

做法

❶鸡肉切成一口大小，用酒浸泡 20 分钟以上。❷洋葱与蒜洗净后，切成碎末。❸在平底锅加热黄油，放入蒜炒至飘出香气，再加洋葱炒到表面稍微变透明为止。❹鸡皮朝下，把鸡肉加入 3，再加入入稍微熬煮即可。起锅前可添加罗勒叶。

小贴士也可以混合自己喜欢的香料或是只用咖喱粉。

烹饪时间 **20分钟** 保存 冷藏5天

 平底锅烹调 带便当

味噌蛋黄酱鸡肉

材料（分量约一个大号容器）

鸡腿肉 1 块、酒 1 大匙、色拉油少许

调料A

蛋黄酱 2 大匙，味噌、味醂各 1 大匙，酒 1/2 大匙，砂糖、蚝油各 1 小匙。

做法

❶把鸡肉切成适当大小，用酒浸泡 20 分钟以上。❷在平底锅热油，再把鸡肉的皮朝下放入煎烤，煎成黄褐色后翻面煎另一面。❸加混合均匀的 A，拌炒并蒸干水分即可。

小贴士如果马上要吃，可以把鸡肉沾裹面粉煎成焦黄色，也建议沾上调味料，但并不推荐用此做法保存，因为会导致鸡肉出水。

烹饪时间 **15分钟** 保存 冷藏5天

平底锅烹调 带便当 可冷冻

日式酱烧鸡腿

材料（分量约一个中号容器）

鸡腿肉 1 块、蒜 1 大瓣、青紫苏约 4 片、酒 2 大匙

调料A

酒 2 大匙，酱油、味醂各 1 大匙，芥末（软管式）4 cm。

做法

❶用叉子在鸡肉上戳几个洞，再用酒浸泡 20 分钟以上。❷蒜、青紫苏洗净后切成碎末后与 A 混合。❸把鸡肉的鸡皮朝下放入不涂油的平底锅中，开火加热，平底锅热后，加盖转为小火煎。煎成烧烤的色泽后翻面，用纸巾擦掉多余的油。❹把 2 放入 3 中，让鸡肉蘸上酱汁，煮到汤汁收干。

小贴士鸡肉放冰箱冷藏，要吃的时候再切开会比较好切。

烹饪时间 **20分钟** 保存 冷藏5天

 平底锅烹调 带便当 可冷冻

韩式炸鸡

材料（分量约一个中号容器）

鸡腿肉 1 块、盐 2 小撮、淀粉适量、色拉油适量

调料A

番茄酱、砂糖各 2 大匙，韩式辣酱、味醂各 1 大匙，酱油 1/2 大匙。

做法

❶把鸡肉切成适当大小，搓盐再裹满淀粉。❷在平底锅放入多一点色拉油加热，放进 1 油煎。❸用纸巾擦掉 2 和平底锅上多余的油，再加混合均匀的 A，让鸡肉均匀沾裹。可依喜好撒上炒熟的芝麻以及青葱。

小贴士如果讨厌油脂，可以把鸡肉先拿出来擦掉锅中的油再继续烹调。

照烧鸡肉

我喜欢比较甜的照烧口味，所以味酥会放得比酱油还多。如果喜欢不甜的，也可以把两者分量比例互换。

糖醋葱酱肉丸子

这是一款预先调味、不油炸的肉丸子，也是一道推荐做多一点冷冻保存的常备料理。

回锅肉

虽然真正的回锅肉用的是甜面酱，但在这换成了红味噌。料理的最后淋上两种油是美味的关键。

巴萨米克酸甜烤鸡翅

用巴萨米克醋做出西洋风味。因为醋与蜂蜜的效果，可以让肉质柔软好吃，滋味仿佛炖煮料理般入味。

照烧鸡肉

材料（分量约一个中号容器）

鸡腿肉 1 块、酒适量

调料A味醂2大匙，酱油1大匙，砂糖1/2大匙。

做法

❶用叉子在鸡肉上戳几个洞，用酒浸泡10分钟以上。❷把鸡肉的鸡皮朝下放入不涂油的平底锅中，开火加热到平底锅热了以后，加盖转为小火干煎 10 分钟。煎变成黄褐色后翻面煎另一面。用纸巾之类的擦掉多余的油，再加混合均匀的 A 包裹鸡肉，并以中火煮到汤汁收干。

小贴士砂糖有让酱料滑溜又黏糊的效果，所以一定要加。

回锅肉

材料（分量约一个大号容器）

碎猪肉块 400 g、卷心菜约 5 片、葱 1 根、蒜 1 大瓣、色拉油适量

调料 A 红味噌、酒各 2 大匙，酱油、砂糖各 1 大匙，豆瓣酱 1 小匙。调料 B 芝麻油 1/2 大匙，辣油 1/2 小匙。

做法

❶把食材洗净后，将卷心菜随意切片；葱料切成约宽 5 mm 的段状；将蒜切成碎末。❷在平底锅加热色拉油，放入蒜，炒到飘出香气为止。❸加猪肉、葱拌炒，炒到肉变色且葱变成喜欢的硬度后，加入卷心菜快炒。❹加混合均匀的 A，大火快炒，等水分蒸发得差不多就关火，以画圈的方式淋入 B。

小贴士炒的时候如果肉或蔬菜粘在平底锅上，就以画圈的方式淋入 1 大匙酒即可。

糖醋葱酱肉丸子

材料（分量约一个大号容器）

混合肉馅 500g、葱（切碎末，肉料用）1 根（细）

调料A汤料、酱油各1小匙，软管式蒜泥2 cm，淀粉1大匙，葱（切碎末，酱料用）2根（细）。调料B调味醋100 mL，砂糖、酱油各2大匙，淀粉1大匙，色拉油适量。

做法

❶把葱（肉料用）与A加入肉馅中，仔细充分拌匀。烤箱预热到220 ℃，并在烤盘上铺烘焙纸。❷把 1 揉成直径 3 ~ 4 cm 的丸子摆在烤盘上，用烤箱烤 15 ~ 20 分钟。❸烘烤的时候制作酱料。在平底锅加色拉油热锅，炒葱（酱料用）并加B。❹加入已经用等量的水融化的淀粉，勾芡 3 的酱料，然后沾裹上烤好的 2 即可。可依喜好撒上青葱。

小贴士要想把肉馅塑造成形，可以把肉馅与材料混合后放进冰箱冷却一会儿，就会比较好处理。

巴萨米克酸甜烤鸡翅

材料（分量约一个大号容器）

鸡翅约 10 只、砂糖 1/2 大匙、盐 2 撮

调料 A 巴萨米克醋、蜂蜜各 2 大匙，酱油 1 大匙，粗磨黑胡椒适当多放一些。

做法

❶用叉子在鸡翅上戳几个洞，依序搓入砂糖、盐。混合 A 腌渍鸡翅，放冰箱 20 分钟以上。❷把烤箱预热到220 ℃。❸在烤盘上铺烘焙纸，摆入放在室温下回温的 1，可依喜好撒上满满的粗磨黑胡椒，再用烤箱烤 20 ~ 25 分钟即可。

蒲烧辣青花鱼

蒲烧风味酱料再加上蒜与豆瓣酱，就成了令人垂涎的美味。这种调味方式很适合青花鱼。

印度青蔬咖喱肉酱

我经常煮一大锅，再分成小份，储存在冷冻室，也可以搭配煎烤过的莲藕、南瓜或是茄子。

简单韩式杂菜

甜辣味是韩国料理的经典味道。蔬菜与粉丝的量放多一点，应该也很适合当减肥的食物，此外也可以加蘑菇。

蜂蜜芥末熏牛肉

因为想把别人给的烟熏牛肉拿来带便当，所以就试着调味成小菜风味料理。这道菜也很适合用来当下酒菜。

烹饪时间 **20**分钟　保存 冷藏**5**天

底锅烹调 🔍　带便当 📦

蒲烧辣青花鱼

材料（分量约一个大号容器）

青花鱼 1 条、蒜 1 ~ 2 小瓣、面粉适量、
色拉油适量、青葱（切成细末）适量

调料A

酱油、砂糖、酒、味醂各 1 大匙，豆瓣
酱 1/2 小匙。

做法

❶把青花鱼洗净后切成三片并去骨，再切
成宽 2 ~ 3 cm 的块，并用热水烫；把蒜
切成碎末。❷在平底锅加热稍多的色拉油，
再把沾了薄薄面粉的青花鱼皮朝下放入
锅中，两面煎熟。❸在另一个平底锅炒蒜，
并加入混合均匀的A煮到汤汁稍微收干，
再撒上青葱即可。

小贴士用热水烫鱼肉时，把青花鱼的皮朝下摆在
竹筛上，尽量靠近鱼肉慢慢地以画圈的方式淋上
热开水，否则鱼肉会散掉。

烹饪时间 **15**分钟　保存 冷藏**5**天

平底锅烹调 🔍　带便当 📦

简单韩式杂菜

材料（分量约一个大号容器）

猪肉馅 200 g、干粉丝约 40 g、洋葱 1/2
个、葱 1 根、蒜 1 小瓣

调料A 水 100 mL，酱油 3 大匙，砂糖、
酒各 2 大匙，韩式辣酱 1 小匙。

调料B 炒熟的白芝麻、芝麻油各 1 小匙。

做法

❶用热开水泡发粉丝，再切成适当大小；
把洋葱切成较薄的半月形；葱斜切成宽约
5 mm；把蒜切成碎末。❷把肉馅放入平
底锅，以较强的中火加热，炒到变色为止。
❸把 1 的蔬菜加锅中，炒至熟透了为止，
然后加粉丝与A，拌炒熬煮到汤汁稍微减
少为止。❹关火后拌入B，放上辣椒丝。

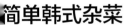

烹饪时间 **60**分钟　保存 冷藏**30**天

大煮锅烹调 🍲　可冷冻 ❄

印度青蔬咖喱肉酱

材料（分量约一个大号容器）

肉馅（依喜好搭配）200 g、洋葱 1 个、
胡萝卜 1 根、西洋芹（茎部）1 根、番茄
1 个（大）、蒜 2 小瓣、番茄罐头（切块型）
1 罐、各种坚果（水煮）1 袋、白葡萄酒、
咖喱块、色拉油适量

做法

❶把所有蔬菜洗净后，全都切成碎末。
❷在锅中加热色拉油，放入蒜炒到飘出
香气，再加肉馅炒到肉变色为止。❸加
入 2 剩下的蔬菜拌炒，再加番茄罐头与
1/4 ~ 1/2 罐番茄罐头分量的白葡萄酒，
盖上锅盖后煮约 20 分钟。❹加水和坚果
继续煮，煮到汤汁比配料的食材还少就关
火，然后加咖喱块直到变成喜欢的浓度。
再次开火搅拌，让咖喱块融化后拌匀即可。

小贴士没有白葡萄酒的时候请添加同量的水。

烹饪时间 **10**分钟　保存 冷藏**5**天

平底锅烹调 🔍　带便当 📦

蜂蜜芥末熏牛肉

材料（分量约一个中号容器）

烟熏牛肉（也可以用培根块）350 g、橄
榄油适量

调料A

酱油 1 大匙，颗粒芥末酱、蜂蜜各 1 大匙。

做法

❶把烟熏牛肉切成厚 1 ~ 2 cm 的丁状。
❷在平底锅加热橄榄油，放入烟熏牛肉炒
到表面稍微有烧烤的色泽为止。❸把 A
与 2 放入调理碗充分拌匀。

小贴士烟熏牛肉的表面已经有香辛料。使用一般
的培根时，可以添加很多的粗磨黑胡椒。

番茄肉丸

在放白葡萄酒时，可以利用空番茄罐量测。肉料先放冰箱冷藏后再处理，比较容易塑形。此外也可以油煎肉丸。

香蒜莲藕鲑鱼

这道菜是在西班牙酒馆吃过香蒜秋刀鱼后得到启发改良而成的。使用肉质肥美的秋鲑也很美味！用青花鱼也很适合。

蒜香胡椒酱炖小鲕鱼

用微波炉加热鱼肉，不会让肉变硬，很适合做成常备菜。减少汤汁就能做成耐放的料理。

烹饪时间 30分钟　保存 冷藏5天

平底锅烤箱
烹调　🔍　📺　带便当 📦 可冷冻 ❄

番茄肉丸

材料（分量约一个大号容器）

混合肉馅500 g、洋葱1/2个、面包粉
1/2杯、牛奶适量、肉豆蔻少许、番茄酱
（切块型）番茄罐头分量1罐、蒜2小瓣、
白葡萄酒番茄罐头容量的1/2、盐1/2小
匙、橄榄油1大匙

做法

❶用量杯量面包粉，并添加刚好淹过面
包粉的牛奶泡发；把洋葱切成碎末。❷
在调理碗中放入1、肉馅、肉豆蔻充分拌
匀，可以的话放冰箱1小时以上。❸把烤
箱预热到220 ℃。烤盘铺上烘焙纸，把
2做成直径约4 cm的丸子摆上烤盘，烤
15 ~ 20分钟。❹制作番茄酱：在平底锅
加热橄榄油，再加拍碎的蒜拌炒，飘出香
气后加番茄罐头、白葡萄酒、盐一起煮。
❺把3加入4中，煮到汤汁大致收干为止。

小贴士 肉料先放冰箱冷藏比较容易塑形。

烹饪时间 20分钟　保存 冷藏5天

平底锅烹调　🔍　带便当 📦

香蒜莲藕鲑鱼

材料（分量约一个大号容器）

鲑鱼2切片、莲藕1/2节、番茄1个、
蒜2小瓣、面粉适量、香草盐约5撮、
橄榄油4 ~ 5大匙

调料A

酒1大匙，橙醋（或柠檬汁）1小匙，盐、
胡椒各适量

做法

❶把鲑鱼洗净后去骨，切成小块，然后用
A浸泡；把莲藕切成薄片；把番茄也切成
小块。❷在平底锅加热多一点色拉油，把
均匀裹上薄薄面粉的鲑鱼放入油煎。❸用
纸巾等擦掉2平底锅残存的油，再加热
橄榄油放入莲藕，炒到稍微变红。❹加蒜、
番茄，边弄碎边熬煮汤汁直到收汁为止。
最后用香草盐调味，并加2拌炒，并沾
裹酱汁即可。

小贴士 橄榄油可以用稍微好一点的油，没有香草
盐可以用普通的盐代替。

烹饪时间 15分钟　保存 冷藏5天

平底锅烹调　🔍　带便当 📦 可冷冻 ❄

蒜香胡椒酱炖小鲥鱼

材料（分量约一个大号容器）

小鲥鱼2切片、盐约1/2小匙、面粉适量、色
拉油适量

调料A

酒、味醂各1大匙，酱油2小匙，砂糖1/2
大匙，蒜泥（软管式）2 cm，粗磨黑胡椒
适量。

做法

❶把小鲥鱼切成适当大小，撒上盐放冰箱
10分钟以上。释出水后用纸巾之类的擦
掉。❷在平底锅加多一点色拉油，再把裹
上薄薄面粉的1放入锅中油煎。❸用纸巾
等擦掉平底锅残存的油，然后加A混合，
开火煮干汤汁直到呈现勾芡黏稠状即可。
也可以依喜好放上撕碎的青紫苏。

半熟水煮蛋

这是经典的水煮蛋，我喜欢带有一点甜味的料理，所以加了点蚝油与砂糖。

菠菜洋葱烘蛋

这是一道放着烘烤就可以完成的烤箱料理，也是一道方便与其他常备菜同时烹调的蛋料理。也可以将其切成适当大小以便带便当。

腌茄子

这是一道美味的常备菜，建议用多点油烹调。既可以立刻吃，也可以直接吃冰的或重新加热再吃，两种方式都很美味！

韭菜炒金枪鱼

这是一道适合带便当的配菜。金枪鱼罐头与芝麻油是绝妙搭配，即使用在简单的炒菜中，也可以让色彩缤纷。

半熟水煮蛋

材料（分量约一个大号容器）

鸡蛋 6 个

调料A

水 100 mL，味酥 2 大匙，酱油、蚝油各 1 大匙，砂糖 1/2 大匙。

做法

❶把鸡蛋放常温下回温。在锅中煮开热水，用汤勺轻轻把鸡蛋放入锅中，用大火煮 6 分钟。❷倒掉 1 的热水，用冷水冷却鸡蛋剥壳。❸在锅中加入 A，开火加热，滚一下就装进容器，并加 2 即可。

小贴士照片是腌渍第五天的状态。也可依喜好增加 1 分钟烹煮的时间。用自来水冲洗蛋后会比较容易剥。

腌茄子

材料（分量约一个中号容器）

茄子 2 个、色拉油适量

调料A

酱油 1 大匙，白高汤 1/2 大匙，味酥 1 小匙，姜泥（软管式）3 cm。

做法

❶把茄子洗净后切掉蒂头，再切成长 6 ~ 7cm 的块后纵向剖半，并在皮上斜切花刀。❷在平底锅加热多一点油，油煎 1。❸在容器混合 A，放入 2 浸泡。可依喜好放上木鱼花以及切成细末的青葱。

小贴士请使用 5 大勺以上的油来烹饪茄子。花刀切至茄子厚度一半熟得更快。

菠菜洋葱烘蛋

材料（分量约一个20×20cm的耐热盘）

鸡蛋 4 个、菠菜 1 把、洋葱 1 个（小）、比萨用芝士两把

调料A

蛋黄酱 1 大匙，颗粒法式清汤汤料 1 小匙，盐少许。

做法

❶在锅中煮沸水，汆烫菠菜后用漏勺捞起，放凉降温；把烤箱预热到 200 ℃。❷切掉菠菜的根，再切成长 4 ~ 5 cm 的段并挤干水分；把洋葱切成碎末。❸把鸡蛋与 A 放入调理碗均匀混合，再加 2 拌匀。❹在耐热盘涂上少量的油，倒入 3 并摆上比萨用芝士，用 200 ℃的烤箱烤 20 ~ 25 分钟。

韭菜炒金枪鱼

材料（分量约一个中号容器）

金枪鱼罐头 1 罐、韭菜 1 把、胡萝卜 1/2 根、芝麻油 1 大匙

调料A

酱油 1 大匙，砂糖 1/2 大匙，盐少许。

做法

❶切掉一点韭菜的根，再切成宽 5 ~ 6 cm 的段；把胡萝卜切成细条。❷在平底锅加热芝麻油，放入胡萝卜炒到稍微变软为止。❸加韭菜以及沥干汤汁的金枪鱼罐头拌炒，再加 A 炒到水分收干为止。

小贴士生韭菜很快就会腐烂，但也可以做成常备菜。金枪鱼罐头使用油浸或无油的都可以。用油浸类型的时候可连同罐头汤汁一起使用，此时请减少炒时油的用量。

魔芋炒金枪鱼

这是一道保存期限较长的常备菜。去冲绳的居酒屋时，因为端出的餐前小菜很美味，所以试着做看看。

蜂蜜芥末土豆

用调味料拌过土豆后，只要放进烤箱就可以。这样的烹调方式，方便同时烹调其他菜肴。同时也可以微波后用平底锅煎烤。

清炒油菜

这是一道清爽可口的配菜，可以两个星期买一次油菜。放冰箱保存的叶菜类料理建议 3 天内吃完。

魔芋丝炒青蔬

这是一道在酒会或聚餐上想要减少热量时最适合的一道菜！因为其中有丰富的蔬菜，所以很健康。此外，凉了直接吃也美味。

魔芋炒金枪鱼

材料（分量约一个中号容器）

魔芋块 1 片，金枪鱼罐头 1 罐，胡萝卜 1/2 根，海带丝 1 小撮，酒、味醂各 2 大匙，酱油 1 大匙，芝麻油 1/2 大匙

做法

❶把魔芋切成长 2 ~ 3 cm 的细条，氽烫约 2 分钟再用漏勺捞起；把胡萝卜切成细条。❷用水泡发海带丝。❸在平底锅加热芝麻油，放入 1 炒到胡萝卜稍微变软为止。❹加沥干汤汁的金枪鱼罐头以及沥干水分的 2 拌炒。然后依序加酒、味醂和酱油，炒到水分变少为止。

小贴士金枪鱼罐头使用油浸或无油的都可以。用油浸类型的时候可连同罐头汤汁一起使用，此时请减少炒油的用量。如果还是觉得很油的话，也可以稍微沥一些金枪鱼罐头的油再用。

蜂蜜芥末土豆

材料（分量约一个中号容器）

土豆 2 块

调料A

颗粒芥末酱、橄榄油各 1 大匙，蜂蜜 2 小匙，酱油 1 小匙，粗磨黑胡椒少许。

做法

❶把烤箱预热到 220 ℃。仔细清洗土豆，连皮切成适当大小。❷把土豆以及 A 放入调理碗中均匀混合。❸在烤盘上铺烘焙纸，把 2 的皮朝上摆入，以 220 ℃的烤箱烤 15 分钟。

清炒油菜

材料（分量约一个中号容器）

油菜 1 把、蒜末 1 小瓣、红辣椒 1 个、鲜味调味料 2 小匙、色拉油适量

做法

❶把油菜的根切掉，再切成宽约 4 cm 的段。❷平底锅加热稍多的色拉油，放入蒜与辣椒炒到飘出香气。❸放入油菜的茎，然后叠上叶子放几秒后再开始炒，最后加鲜味调味料拌炒。

小贴士蒜与辣椒容易烧焦，因此飘出香气后就要立刻放入油菜的茎。在烧焦时，可以试着加 1 大匙酒。

魔芋丝炒青蔬

材料（分量约一个大号容器）

魔芋丝 1 袋（200 g），青椒 3 个，胡萝卜 1/3 根，鱼卷 2 ~ 3 个，酒 1 ~ 2 大匙，蚝油 1/2 大匙，酱油 1 小匙，鲜味调味料、胡椒各少许

做法

❶把魔芋丝仔细沥干水分，切成适当的长度；把青椒、胡萝卜切成细条；把鱼卷切成适当大小。❷在平底锅放入 1，炒到魔芋丝几乎没有水分为止。❸依序加酒、酱油、蚝油、鲜味调味料以及胡椒拌炒。

小贴士这道菜的关键是炒魔芋丝。或许刚做好的味道很清淡，不过再保存一阵子后，口味浓度就会变得恰到好处。鱼卷可以用炸鱼饼代替也不错。

南瓜莲藕沙拉泥

这是一道使用花生奶油制成的精致沙拉。这或许是很意外的组合，但调味令人着迷。

芝麻萝卜丝醋沙拉

这是一道低成本又耐放的沙拉菜。调味料的种类很多，但只要用微波炉，做起来很简单。制作后放几天会更入味。

油拌西葫芦玉米笋沙拉

这是一道可以衬托出玉米笋甜味的沙拉。虽然西葫芦放久后会变色，但味道不会改变。

羊栖菜牛蒡高纤沙拉

这是一道非常耐放的健康沙拉。泡发羊栖菜，微波软化根菜类，再凉拌一下即可！腌几天感觉更美味。

烹饪时间 **15分钟** 保存 冷藏**5天**

平底锅烹调 带便当

南瓜莲藕沙拉泥

材料（分量约一个中号容器）

南瓜 1/4 个、莲藕 1 小节、橄榄油 2 大匙
调料A
花生奶油 1 大匙，酱油、柠檬汁各 1 小匙，蒜泥（软管式）2 cm，盐少许。

做法

❶把南瓜洗净后切丁，装入耐热容器，加少许水（分量外）再包上保鲜膜，用微波炉加热约 3 分钟直到变软，然后捣碎备用。❷把莲藕洗净后切薄片，泡水。❸在平底锅加热橄榄油，油煎沥干水分的 2。❹把 A 加入 1 中充分混合，再连同橄榄油一起加 3 混合即可。

小贴士南瓜不管捣得粗还是细，都很美味。

烹饪时间 **10分钟** 保存 冷藏**5天**

平底锅烹调 带便当

油拌西葫芦玉米笋沙拉

材料（分量约一个中号容器）

西葫芦 1 个、玉米笋 1 包、蒜（切成碎末）1 大瓣、橄榄油 1 大匙、盐少许
调料A
酱油 1/2 大匙，柠檬汁 1 小匙。

做法

❶把食材洗净后，西葫芦切丁；玉米笋切成一半。❷在平底锅加热橄榄油，放入蒜炒到飘出香气后，再加 1 继续炒。❸把火转小，加 A 轻轻拌炒，最后用盐调味。

烹饪时间 **20分钟** 保存 冷藏**7天**

微波炉烹调 带便当

芝麻萝卜丝醋沙拉

材料（分量约一个大号容器）

萝卜干 40 g、胡萝卜 1/3 根、青葱（切成细末）少许
调料A
调味醋、磨碎的白芝麻各 2 大匙，味噌、砂糖各 1 大匙，酱油、豆瓣酱、芝麻油各 1 小匙，姜泥（软管式）3 cm。

做法

❶把萝卜干泡水，泡发后沥干水分，切成适当大小。❷把胡萝卜切成细条装入耐热容器，包上保鲜膜微波加热约 2 分钟。❸在调理碗中混合 A，加入 1、2 以及青葱充分混合即可。

小贴士若想不用火烹调胡萝卜，可以微波让胡萝卜变软。如果希望保留蔬菜爽脆的口感，就直接用生的。

烹饪时间 **20分钟** 保存 冷藏**7天**

微波炉烹调 带便当

羊栖菜牛蒡高纤沙拉

材料（分量约一个大号容器）

干燥羊栖菜约 10 g、牛蒡 1 根、胡萝卜 1/2 根、冷冻毛豆约 10 个豆荚
调料A
磨碎的白芝麻 2 大匙，酱油、砂糖、调味醋、芝麻油各 1 大匙。

做法

❶用水泡发羊栖菜。❷把牛蒡切成细条，泡水去除杂质；把胡萝卜切成细条。❸把 2 装入耐热容器，轻轻地包上保鲜膜加热约 2 分钟，再放凉降温。❹在大一点的调理碗中混合 A，再加沥干水分的 1、3，以及毛豆，充分混合即可。

小贴士调料也可以加 1 小匙盐麹。保存期间请时常搅拌让味道均匀地散布在整道菜中。

第七章

假日食谱与常备酱料

假日食谱

假日用餐不是吃常备菜，而是现做现吃。通常我会把做常备菜剩下的食材或是常备罐头，迅速做成一道道美味料理。这里就要介绍几道我最爱的现做美食。

酱料和酱汁

在有点空闲的日子，建议先做好备用的酱料和酱汁。而自己做的最大好处就是可以随心所欲地调整成自己喜欢的口味。

这是一道用剩下的蔬菜就能烹调出的清爽和风意大利面。面不用沥干汤汁，用料理夹从锅中捞起即可，这样很容易蘸上酱汁。

烹饪时间 **20分钟**　　炖锅、平底锅烹调　

彩蔬猪肉橙醋意大利面

材料（双人份）

碎猪肉块 50 g
洋葱、甜椒（红、黄）各 1/4 个
冷冻毛豆约 10 个豆荚
意大利面双人份
盐、胡椒各少许
葡萄籽油（亦可使用惯用料理油）
2 大匙

调料A
白高汤、酱油、橙醋各 1 大匙。

小贴士直接使用烫煮面条的汤汁，可以避免放了酱料后平底锅温度下降，并且可调节酱汁浓度，盐分也可以毫无遗漏地遍布整道菜，让味道更均匀。

做法

1 在锅中煮开大量的水，加约 2 大匙的盐，依照意大利面外包装的说明煮面；把猪肉切成适当大小，撒上盐、胡椒。

2 把洋葱去皮后切成薄片，把甜椒切成适当大小，毛豆解冻后从豆荚取出豆子。在平底锅加热葡萄籽油，依序加入洋葱、猪肉、甜椒拌炒，再加毛豆。

3 火候转小，加 A 以及一勺煮意大利面的汤汁，煮好以后放入用料理夹捞起的 1 仔细搅拌。最后把火候转小，让酱汁仔细沾裹整道菜。

4 最后可依喜好撒上适量青葱细末、盐、胡椒。

料（双人份）

枪鱼罐头 1 罐
茄罐头 1 罐
葱 1/2 个（大）
蒜 2 小瓣
葡萄酒（如果有）1/2 杯
约 1/2 小匙
拉油适量
饭 2 碗

法

洋葱、蒜洗净后切成碎末，在平底锅加
色拉油，放入洋葱、蒜拌炒。

葱熟透后加金枪鱼罐头、番茄罐头、白
萄酒以及盐煮干汤汁。待水分稍微蒸发
，加白饭拌炒。可依喜好加适量的帕玛
干酪、比萨用芝士。

贴士 金枪鱼罐头使用油浸或无油的都可以。请
同罐头汤汁一起使用，用油浸类型时请放少一
色拉油。若想要更加浓厚的蒜香味，蒜不要切
碎末改成磨泥，也可以用压蒜器。

烹饪时间 **20** 分钟

平底锅烹调 🔍　可冷冻 ❄

意式番茄金枪鱼烩饭

这是一道使用冷冻白饭与两种罐头就能轻松做出
来的料理。冰箱剩下的蔬菜也能一并加入。还可
以当一顿省事简便的午餐。

料（双人份）

肉馅（依喜好搭配）200 g
料 A
美国纽奥良卡疆调味粉 1 大匙，辣酱油 2
匙，玉米粉、水各适量。
番茄 2 个（大）
莴苣、比萨用芝士、塔可酱（请参考第
18 页）适量
热白饭 2 碗

法

把肉馅放进平底锅开火加热，炒到变色后
纸巾之类的擦掉多余的油。再放入 A，
到喜欢的状态为止。

把番茄切成细丁；莴苣切成宽约 1 cm
大小。在容器装入 1、白饭、莴苣、番茄，
放上芝士，最后淋上塔可酱。

贴士 辣酱油、美国纽奥良卡疆调味粉可以在进
食材店买到，我有时还会再加上香菜粉。

烹饪时间 **20** 分钟

平底锅烹调 🔍　可冷冻 ❄

塔可饭

这道菜是用香辣味很重的塔可肉料理做成的，可
以当作正餐。此外也可做多一点塔可肉保存起来，
大约可以冷藏保存 5 天。

土豆泥与切成细条的土豆混合在一起的口感很棒。用珐琅容器烘烤，就能直接带去参加自带食物的聚会。

烹饪时间 30 分钟　烤箱锅烹调

焗烤金枪鱼土豆泥

材料（双人份）

土豆 2 块
金枪鱼罐头 1 罐
芝士片（可溶型）2 片
帕玛森干酪少许

调料A
蛋黄酱 1 大匙，颗粒法式清汤汤料
1 小匙。

调料B
橄榄油 1 大匙，盐、胡椒各少许。

做法

1 把烤箱预热到 220 ℃，在耐热容器上铺烘烤
纸备用。

2 把 1 块土豆切成厚 2 cm 的丁状放入耐热碗，
包上保鲜膜加热 3 ~ 4 分钟直到变软。捣到
变滑润为止，再加金枪鱼罐头以及 A 混合，
并将其铺满耐热容器。

3 把另 1 块土豆切成细条后装进调理碗，加
混合。

3 在 2 上依序重叠芝士片与 3，用 220 ℃的烤
箱烤约 15 分钟直到呈现稍微烤过的色泽。

4 撒上帕玛森干酪，再继续烤约 5 分钟直到呈
现明显的烘烤色泽即可。可依喜好撒上香芹叶
碎末、粗磨黑胡椒各适量即可。

料（双人份）

腿肉 1 块
油果 1 个
茄 1 个（大）
菜沙拉（如果有）约 2 片
2 小瓣
、粗磨黑胡椒各少许
油 1/2 大匙
饭 2 碗

料A
黄酱 2 大匙，酱油、山葵（软管式）
1 大匙，柠檬汁 1 小匙。

法

鸡肉切成小块，用盐、粗磨黑胡椒预先
味；番茄切丁；牛油果削皮并纵向剖半
再切成薄片；蒜切成薄片。

鸡肉的皮朝下放入不放油的平底锅，撒
蒜并加盖，以中小火加热，不要拌炒，
蒸约 5 分钟。

皮变成黄褐色后翻面煎另一面，画圈倒
酱油蘸酱。在盘子上盛饭，并放上生菜
拉、番茄、牛油果以及鸡肉。要吃的时
淋上混合均匀的 A 即可。

料（双人份）

味酸奶（无脂肪、无糖）200 g
果干 60 ~ 80 g
奶 100 mL
块适量

法

芒果干切成适当大小，用酸奶腌渍一晚。

所有材料放进果汁机搅拌。

贴士 如果喜欢吃不太甜的口味，请减少芒果干
用量。顺带一提，这里使用的 100 g 芒果干
超甜口味。冰块是用我家的制冰机制作的，约
块。

烹饪时间 15 分钟

平底锅烹调

牛油果番茄蒜酱鸡肉饭

鸡肉和酱汁是最佳组合！非常适合想要享用一份
咖啡厅风格早午餐的人。主菜也很适合搭配糙米，
可以依喜好调整山葵的用量。

烹饪时间 5 分钟（去除腌渍时间）

不用火烹调

透心凉芒果冰沙

使用酸奶腌渍一晚后的冰冻芒果干，就能简单做
出味道浓厚的芒果冰沙。

这是一道步骤很简单的料理。因为加了巧克力，也推荐在情人节做。大约可以冷冻保存一个月。

 烹饪时间 45 分钟 烤箱锅烹调 📺 可冷冻 ❄

葡萄干白巧克力黄油夹心饼

材料（双人份）

饼干面团
黄油 100 g
砂糖 50 g
鸡蛋 1 个
低筋面粉 160 g
葡萄干奶油
无盐黄油 50 g
白巧克力 45 g（1 盒）
鲜奶油 30 mL
朗姆酒葡萄干喜欢的量

小贴士 朗姆酒葡萄干的做法：把半干葡萄干塞满保存瓶，再倒入刚好淹过的朗姆酒放几天。若直接使用，酒味会有点强烈，因此要用纸巾把水分擦掉再加可能比较好。

饼干面团用保鲜膜包起来可以冷冻保存数日。在冷冻状态下直接切、烤都可以。

做法

1 制作饼干：让奶油在室温下回温，再放进调理碗，加砂糖用打蛋器充分拌匀至滑润为止。然后再依序加鸡蛋、低筋面粉，每次加时都要仔细充分拌匀。

2 把保鲜膜摊开放上 1，做成四角柱体，然后直接包起来放冰箱约 1 小时。

3 把烤箱预热到 180 ℃，在烤盘上铺烘焙纸，把步骤 2 切成厚 3 mm 块状并排放在烤盘上，用 180 ℃的烤箱烤约 15 分钟。

4 烤饼干时制作葡萄干奶油：把白巧克力放进耐热容器，包上保鲜膜加热约 20 秒，一边看状况一边加热，融化后加奶油混合并融化奶油。

5 按顺序加鲜奶油、朗姆酒葡萄干，并搅拌均匀。

6 把烤好的 3 在网架上冷却，用两片饼干夹住 5 再放进冰箱，可以的话冷藏一天以上。

材料（为9个直径6 cm的分量）

高筋面粉、低筋面粉各 100 g
泡打粉 10 g
砂糖 1 大匙
盐 1 小撮
色拉油 50 g
牛奶（或豆奶）80 mL

做法

把烤箱预热到 180 ℃，在烤盘上铺烘焙纸。把高筋面粉、低筋面粉、泡打粉、砂糖，以及盐放进调理碗中，用打蛋器仔细搅拌，再加色拉油用手捏揉混合。

一点一点地加牛奶混进材料中，再取出放在台子上。用手掌推开成约 2 cm 的厚度，对折后再次推开，重复约五次。

用手掌推开成 1 ～ 2 cm 的厚度，用直径 6 cm 的圆形压模塑形后，摆放在烤盘上，用 180 ℃ 的烤箱烤 15 ～ 20 分钟。

原味司康饼

把黄油换成色拉油性价比会很高。司康饼做法很简单，随便用手推面团也不会失败，可以放 2 ～ 3 天。

小贴士牛奶太多面团就难以成形，因此要一点一点地少量地加。面团不太黏手是最佳状态。我用杯子压模。重新加热时，使用 180 ℃ 的烤箱加热 2 ～ 3 分钟就会松脆又软绵绵！

材料（1人份）

香蕉 1 ～ 2 根
酸奶 150 g
肉桂粉大量

做法

把烤箱预热到 160 ℃，连皮加热香蕉约 15 分钟。观察若有一面变黑了，就在中途翻面。

把酸奶装进耐热盘，用微波炉加热约 1 分钟并仔细搅拌。把烤好的 1 剥皮切块后放入，再撒上肉桂粉。

小贴士烤香蕉时，可以抓紧时间梳妆打扮之类的，刚好适合当早餐。食材对肠胃也有益，还有改善便秘的效果，因此推荐在疲劳时当早餐享用。

热香蕉酸奶

最近热酸奶很火，我冬天常吃这个。香蕉烤过后甜味会增加，也提升了饱足感。

葱盐

这是一款令人开心的百搭万能调味料，也可以做很多冷冻保存。不管配猪肉、鸡肉还是豆腐都非常适合。

| 烹饪时间 | 10分钟 | 保存 | 冷藏7天 |

平底锅烹调 　　可冷冻 ❄

小贴士没加胡椒，可以搭配要吃的料理再添加。当作酱料就不用说了，可以当作纳豆的佐料，也可以当作搭配的调味料在油煎鸡肉时加。

材料（分量约一个小号容器）

葱（葱白）2根、蒜末2小瓣、汤料（膏型）1大匙、芝麻油1大匙

调料A

柠檬汁1/2个的量，盐1/2小匙，炒熟的白芝麻1大匙。

做法

❶把葱切成碎末。❷在平底锅加热芝麻油，依序炒蒜、葱。❸加汤料与少许水，汤料完全融化后，炒到水分稍微蒸干，再加A轻轻拌炒。

甜辣味噌酱

这道菜特别推荐给喜欢川菜的人，特色是花椒的香味。连不爱吃川菜的先生都赞不绝口！

| 烹饪时间 | 5 分钟 | 保存 | 冷藏10天 |

平底锅烹调

小贴士推荐淋在第28页的"凉拌鸡丝小黄瓜"上。除此之外也可以凉拌豆腐，或是直接蘸小黄瓜吃。与红味噌混合的味噌用现有的也没关系。各种味噌的盐分不同，如果太浓就加水稀释调整。

材料（分量约一个小号容器）

酒3大匙，红味噌、米味噌、砂糖各2大匙、炒熟的白芝麻1大匙，辣椒酱2小匙，味醂1小匙

做法

把炒熟的芝麻以外的所有材料放进平底锅，用较强的中火加热，煮开后把火候转小，一边融化味噌一边煮干汤汁，再混合炒熟的白芝麻。

塔可酱

塔可酱的原料很方便买到，制作起来也很容易。辣度请通过辣椒粉的量来调整。

| 烹饪时间 | 30分钟 | 保存 | 冷藏10天 |

平底锅烹调

小贴士可以用在第113页的塔可饭。使用玉米粉可以维持黏稠状，因此最适合制作酱汁。如果不在乎是否黏稠，不加也可以。

材料（分量约一个大号容器）

番茄罐头1罐，洋葱1/4个，青椒2个，蒜末1小瓣分量，1罐番茄罐头的水量，盐2小匙；砂糖、墨西哥辣椒酱各1小匙、玉米粉适量

做法

❶把洋葱与青椒切成碎末。❷把玉米粉以外的所有材料放进单柄锅，开火加热并盖上锅盖炖煮20分钟。如果煮得太干水分变少就加水。❸关火并加用少许水溶解后的玉米粉，然后再次开火加热煮到呈现黏稠状。

葱味噌

这道菜虽然成本低又简单，但慢慢炒葱形成的甜味与风味带来了醇厚的口味。当作调味料也很方便，做多一点保存也无妨。

| 烹饪时间 **10**分钟 | 保存 冷藏**30**天 |

平底锅烹调

材料（分量约一个小号容器）
葱4根、芝麻油1大匙
调料A
味噌、味酥各2大匙，红味噌1大匙。

做法
①把葱切成碎末。②在平底锅加热芝麻油放入1，用中强火慢慢炒到出水，且呈现黏稠状为止。③加A，一边炒一边蒸干水分。

小贴士 放在青花鱼或鲭鱼块上，用烤箱或烤鱼架慢慢烘烤也很美味，把鱼换成鱼卷也很好吃。

苹果姜酱

这是使用1个完整苹果的"可食"酱汁。甜味很重，可以用来当调味酱或腌肉的酱汁。

| 烹饪时间 **10**分钟 | 保存 冷藏**7**天 |

不用火烹调

材料（分量约一个中号容器）
苹果1个中的，洋葱1个小的，姜、蒜各2小瓣、调味醋约1/2杯，橄榄油3～4大匙
酱油3大匙

做法
①把苹果、洋葱、姜、蒜切成适当大小。把洋葱装进耐热容器，包上保鲜膜用微波炉加热约2分钟，直到辣味缓和。②把调味醋与1放进果汁机搅拌，然后再加橄榄油、酱油搅拌即可。

小贴士 用来当沙拉的酱汁时，加酱油会比较美味；如果用来淋在西式泡菜之类的醋拌凉菜上，可直接使用；用来当腌肉的酱汁时，也可以混合番茄酱。

浓缩蜂蜜姜

这款酱汁可以预防感冒并有美容养颜的功效。虽然以前用过市面上买的，但先生说"姜味不够"，就做了这道满满姜味的酱汁。

| 烹饪时间 **20**分钟 | 保存 冷藏**30**天 |

单柄锅烹调

材料（分量约30杯）
新生姜200g、蜂蜜100g、砂糖80g

做法
①洗掉姜上的脏污，如果不喜欢皮也可以削皮，然后切滚刀块。②把1、蜂蜜放进果汁机，搅拌成稠糊状。③把2与砂糖放进锅中开火加热，煮约15分钟收干汤汁。也可依喜好添加适量柠檬汁。

小贴士 舀1大匙放在杯子里稀释后再喝，浓度就刚刚好。也可以用在第84页的"黑胡椒烤翅根"等料理。

第八章

常备菜重点及容器

常备菜的13个重点

从容器取出常备菜的方法

洋葱醋腌油炸青花鱼（第47页）以及醋腌西蓝花（第74页）等泡在腌渍汁里的料理，要尽量从容器的最下面开始取出。此外，取完后再次保存前，可以再搅拌的菜建议搅拌后再保存。把上面的蔬菜搅拌到下面，在下面的蔬菜换到上面。

如果可以一次吃完，就直接用那个容器吃；如果吃不完，取用时务必要用干净的筷子夹出。

常备菜独有的各种材料的烹调诀窍

●肉类

鸡胸肉要用叉子戳几个洞，再依序搓进砂糖、盐；碎猪肉块要用叉子尽量多戳几个洞。这样一来加热后和再加热后都会很软。

鸡肉除了令人在意的油脂与小骨头以外，几乎不用去除什么部位。皮可以根据不同料理选择是否去除。

●蔬菜

蔬菜之所以放久了味道会变差，是因为太干燥而变蔫，或是释出水让味道变淡了。有个防止蔬菜变蔫的诀窍，例如烹调茄子的重点就是用比较多的油，汤汁也不要收太干，要稍微留一些汤汁（必须注意留太多汤汁会不耐放）。

●沥干水分

对于水分的问题，可以设法这么做：烫过的蔬菜可以不泡水降温，放在漏勺上让水分蒸发并冷却，根据蔬菜不同可以在要吃的时候再搅拌。不泡水用漏勺捞起冷却，就算不拌上调味料也不容易出水。

凉拌小黄瓜也只要用盐搓过后，再用纸巾包起来放一晚，之后使用就会减少水分变多的情况。

腌泡料理要先放约30分钟后，轻轻沥干水分才可以移装到容器。

●其他

鱼干用在水分含量多的料理会发臭，因此只能用在烹炒的料理。关于油炸食品的面衣，比起面粉，我更推荐用淀粉。

面粉一微波就会糊糊的，面衣容易剥落。

分别使用烤箱与平底锅

烤箱很适合用在预先调味好且仅需要烘烤的料理。若想缩短完成时间，但烹调好像会很费工时，则可以用平底锅。照烧鸡肉之类的料理，最后想要收干酱汁时，可以用平底锅。

夏天的常备菜与冬天的常备菜

夏季要降低冰箱的温度设定，做好的菜放凉降温后，就要尽量早点放进冰箱，只要遵守保存期限与方法，并注意取出的方法，也可以和其他季节一样吃到没有腐坏的食物。夏天我通常会做冰后吃的腌泡类料理；相反，冬天则常做加热后吃的菜。常备味噌汤也是冬天不可或缺的食物。

关于重新加热常备菜

基本上用盘子盛装后微波。如果希望微波时水分不要蒸发，就要包保鲜膜。油炸食品虽然也可以微波，但包上保鲜膜就会让面衣容易黏住，因此建议直接加热。

当然，也有些料理不用加热就很美味。主菜例如凉拌鸡丝小黄瓜（第 28 页）、梅酱涮猪肉（第 67 页）等，配菜例如腌泡类以及韩式凉拌菜等。

常备菜移装到容器时的重点

干炸之类的菜以及希望吃起来爽脆的食物，要放在金属网架上放凉降温后再装进容器。

炒菜可以在热的时候直接装进容器。其实应该要放在平底锅之类的上面冷却，但碍于厨房空间有限，而且要着手做下一道菜，不得不只好这么做。装入容器再放凉降温。

凉拌菜这种汤汁会变多的料理，要稍微沥干汤汁；相反，像南洋风腌渍菜这样希望腌渍所有食材的料理，就直接泡在汤汁里装进容器。

每一种菜都要等凉了以后再盖上容器的盖子。如果放凉降温很花时间，就把容器的盖子稍微挪开，等温度降到某种程度后再放进冰箱。

如何学会把食谱变成自己的东西?

像我会试着先从制作基本的食谱开始。如果不喜欢这个口味，就稍微慢慢调整。与自己的口味相符时，搭配也很漂亮就是最棒的了。譬如烧茄子（第55页）就是一道经典又令人感动的食谱。酱油：砂糖：醋=1:1:1，很简单就能记住。

当什么都不看就会做的料理增加时，就会觉得自己进步了。记住分量就会记住味道，也就会试着思考是不是有什么类似的食谱……这样一来，不看食谱就会做的料理就会增加了。

无意中就记住调味料的分量

我觉得用眼睛与手的感觉去记住调味料的分量也很重要。把感觉集中在用大匙小匙注入调味料时，就会记住。只要知道"大约是这样"的量即可。例如从瓶中"咕噜咕噜"倒出的感觉是1大匙之类的，"咕……噜"约是1小匙等。实际上把调味料放在量匙上，或装进透明的瓶子、量杯时确认，也是掌握感觉的好方法。只要学会这个，就能缩短烹调时间。每次都做出的味道不太一样也没关系。

"妈妈的料理每次味道都不同，所以每天吃也不腻"我曾听过这个说法。毕竟计量不会每次都没误差，而且家庭料理每天有点变化也无所谓。这么一想，下厨就更轻松了。

使用常备菜带便当，只要装进去就好

我与先生的便当只要轮流装进预先做好的1道主菜、2~3道配菜以及便当用的清蒸蔬菜就完成了。主菜会避免和晚餐重复，配菜则优先选择不耐放的菜。我也会考虑营养与配色的均衡，选择2道配菜时，最多有1道可摄取淀粉的菜色，再加上小番茄或莴苣等，装进白饭，再撒上拌饭料就完成了！常备菜当中，不适合当便当的是浅渍类的菜，因为容易出水而且常在晚餐吃，我并不会拿来当便当。

夏季的便当

无论什么季节，我都会把放在保冷包里的保冷剂带去公司，这样就能和冬天一样享用美食了。在制作便当时，要使用干净的筷子取用，并且分盛后的菜要立刻放回冰箱。

用塑料袋制作的腌菜如何保存

把调味料搓进蔬菜时，用塑料袋很方便，像我会用塑料袋搓揉过几分钟后，再移装到容器。直接用塑料袋比较容易让味道渗透，但直接放进冰箱后，取出时会很麻烦，因此我在做好的当天就会将其移装容器。

调味料的基本是"砂味酱酒"

料理的"砂盐醋酱味（砂糖、盐、醋、酱油、味噌）"很有名，但是我实际做了很多菜后，觉得"砂味酱酒"比较常用。砂糖、味醂、酱油、酒，再加上调味醋与白高汤，这六样调味料才是我使用的最基本的调味料。

达到节省效果的采购秘诀

第一点是蔬菜、肉、鱼类只买做常备菜可以用完的量。譬如胡萝卜很快就会腐坏，就尽量不要买 3 根包装的，改买零售的 1 根即可。

第二点是采购之前确认库存（请参考第 38 页）。即使是耐放的洋葱和土豆，放着不管也会不小心坏了，所以库存管理非常重要。

第三点是购物时优先采买便宜的食材。购物前要先计划想做的菜，但需要的食材如果很贵就要果断放弃，考虑便宜的食材能做出的菜。

容器介绍

以下是我试着使用各种材质容器后的心得，这里将介绍每种容器的优点与我的使用心得。

珐琅材质

我用的是野田珐琅白色系列。光滑的表面与白色的洁净感非常棒。即使装进番茄类酱汁这种容易附着颜色的料理，也能轻松洗掉脏污。不方便的是不能用微波炉加热，放进冰箱也看不到里面的料理。因为价格贵，表面的玻璃材质又容易碰撞缺损，使用时要小心一点。

我使用的容器

方形小号：虽然不大但容量很够用，用来装毛豆之类量比较小的配菜。

长方形深型中号、小号：用来装配菜。

长方形浅型小号：用来装汤汁少的主菜。

耐热玻璃材质

我用的是易威奇的玻璃微波盒。它的优点是容易清洗，而且可以微波又能看见所盛的料理。虽然收纳时不能重叠，但因为盖子很牢靠，放在冰箱中叠放也很平稳。若怕干也可以包上保鲜膜。虽然也可以用烤箱烤，但烘烤感觉很慢所以我不太用其来烤东西。因为外观很凉快的感觉，所以我经常用来装冰冻以后的美食。

我使用的容器

200 mL：酱料或酱汁等。

500 mL：放冰箱里收纳，用来装配菜。

800 mL：用来装有点多的配菜或主菜。

1.2 L：用来装翅根之类体积大的材料，做比较多的菜的时候也可以用。

塑料材质

我用的是旭化成的 Ziploc 容器、岩崎工业的 Smart Flap、IKEA 的保鲜盒。这种材质比珐琅与耐热玻璃便宜，因此推荐用在开始试做常备菜的时候。可以微波，也看得见所盛食物，尺寸齐全，冷冻保存也可以。此外也可以在备料时用来微波蔬菜。不过，因为塑料会着色或变形、内侧易变粗糙，所以不耐用。虽然我有很多个，但经常用的是以下几种。

我使用的容器

Ziploc 容器方形中号：主菜。

岩崎 Smart Flap 方形小号：油菜等配菜。

IKEA 的保鲜盒：较多的配菜或主菜。

瓶子

可以购买，也可以使用果酱瓶之类的空瓶子。基本上用来装调味液较多的西式泡菜或自制酱汁等，也可以用来装自制的佃煮（以盐、糖、酱油等烹煮鱼、贝、肉、蔬菜和海藻而成的日本食品）。

不锈钢材质

我只会偶尔把不锈钢材质当家里的便当盒。因为以功能来说类似珐琅，如果喜欢它的外观也可以用不锈钢的。

虽然容器材质整齐一致也很棒，但准备各种形状的也很好。不管用哪一种容器，关键是保持容器干净。容器角落的脏污不易清洗，因此要仔细清洗。洗好以后请烘干或用干净的擦碗布把水滴擦掉再收纳。

食材分类索引

菇类

时间索引

结　语

我开始写常备菜博客的契机，是因为先生的一句话："没什么人会这么做，你要不要试着开一个以常备菜为主题的网站？"

我自己一个人生活的时候就习惯周末做常备菜，对我来说是很普通的事，但实际上一次把常备菜做好的人并不多。如果我在博客介绍目前为止试过的食谱，以及一星期做常备菜的情况，应该对读者很有借鉴意义吧。于是我基于这样的想法开始写博客。

我一开始会忽略一些料理初学者没有想到的事，这些地方对我来说理所当然，因此可能也会省略说明。但听取先生和博客的读者给我的反馈后，我逐步改进才能完成现在的常备菜。

戈几乎每周都会公开一星期的常备菜，虽然看博客的人会说我很厉害，但其实戈也还在学习中。我一边做菜，一边想着有没有更容易模仿的要领，或是能够窅短时间的诀窍。

戈认为周末的常备菜，应该会随着每星期的经验累积而固定，并随着生活的变化而改变。

戈今后也会不断更新常备菜，各位读者若能从中获益，我将不胜荣幸。

森望（nozomi）

图书在版编目（CIP）数据

我的手作轻食便当. 1 ／（日）森望著；苏月莹译
. -- 南京：江苏凤凰科学技术出版社，2019.3
ISBN 978-7-5713-0074-6

Ⅰ. ①我… Ⅱ. ①森… ②苏… Ⅲ. ①食谱－日本
Ⅳ. ①TS972.183.13

中国版本图书馆CIP数据核字(2019)第009098号

我的手作轻食便当1

著　　　者	[日] 森望 (nozomi)
译　　　者	苏月莹
项 目 策 划	凤凰空间／陈　景
责 任 编 辑	刘屹立　赵　研
特 约 编 辑	李雁超

出 版 发 行	江苏凤凰科学技术出版社
出版社地址	南京市湖南路1号A楼，邮编：210009
出版社网址	http://www.pspress.cn
总 经 销	天津凤凰空间文化传媒有限公司
总经销网址	http://www.ifengspace.cn
印　　　刷	北京博海升彩色印刷有限公司

开　　　本	889 mm×1240 mm　1／32
印　　　张	4.25
字　　　数	136 000
版　　　次	2019年3月第1版
印　　　次	2020年11月第2次印刷

标 准 书 号	ISBN 978-7-5713-0074-6
定　　　价	49.80元

图书如有印装质量问题，可随时向销售部调换（电话：022-87893668）。